欧米の
ガスシステム

Gas Systems
in Europe and
North America

活性化する市場改革の
基本と仕組み

内藤克彦
蝦名雅章 著
筒井 潔

化学工業日報社

推薦のことば

脱炭素社会の構築が叫ばれる一方で電力が自由化され、コロナウイルス危機も重なって大きな変革を求められているエネルギー産業。石炭や石油のみならず原子力も批判され、太陽光発電や風力発電も不調で、新エネルギーの国際競争力は必ずしも強くない。日本のエネルギー自給率は OECD 諸国の中で最低水準であり、電力不足によって医療が崩壊する恐れもある。

本書は、このような中で存在感を高めている天然ガスに焦点をあて、学問および実務に精通した行動的知識人が協業し、日本の天然ガス・エネルギーシステム改革を成功に導く方法や思想を探る。

天然ガスについての議論が、時に飛躍、時に迷走し、安定的に知見を蓄積することが困難な現在、本書に巡り合えた読者は幸運である。

欧米の天然ガスのシステムや市場についての現状認識に始まり、当事者的視点も含めた歴史的・理論的考察を経て、最後は文明論にまで展開する。過去と現在、理論と実践が有機的に結びつき、日本の国内市場のみに注目する長期契約に偏りがちな発想から脱却して、天然ガスの理想的なシステムや市場がおのずと明らかになる喜びを読者は味わうに違いない。

「常識とは18歳までに身につけた偏見の集まり」とアインシュタインは述べる。

この言葉に象徴されるように、正しい常識を獲得することは容易でない。米国ガス自由化の中でエンロンが天然ガスの市場形成にどのように貢献し、日本にどのような影響を与えたのか、日本はアジアの天然ガス市場のハブになれるのか、地球環境が限界点に達する前に我々は天然ガスシステムを転換できるのか、等々。本書を読み進めるうち

に、これらについての正しい常識が身につき、新鮮な驚きと喜び、そして知的興奮を感じるであろう。

　本書によって、分からなかったことについては、様々な疑問が氷解し、分かっていたはずのことについては、新たな疑問が浮かび、知的好奇心が掻き立てられる。

　日本の常識は世界の非常識、ということが実感できる賢者の書である。

2020 年 11 月

慶應義塾大学経済学部 教授

藤田 康範

はじめに

　我が国のガスビジネスは、当初はコークス炉ガス等を都市ガスとして供給することから始まった。このときは、一酸化炭素と水素（40%程度）の混合ガスがガス管の中を流れていたわけである。戦前のガス事業の創成期には、神奈川県横浜市のガス局は同地域のガス供給を行うといった形で、都市毎に小規模なガス供給事業者が分立していたが、次第に地域毎に有力なガス事業者が地域内の中小ガス事業者を吸収合併していき、例えば、首都圏では東京ガスが首都圏の主要な部分のガス供給を行うようになる。この当時は、都市ガスの中の一酸化炭素に起因してガス漏れによる中毒や川端康成のように都市ガスによる自殺、一酸化炭素は重いのでガス漏れにより滞留した一酸化炭素による爆発事故などが時々報道されることがあった。その後、電力業界が公害対策としてLNG（液化天然ガス）火力発電所を都市近郊に建設するようになると、我が国には大量の天然ガスがLNGの形で長期契約により輸入されるようになる。都市ガス業界も、この頃より、体積当たりの熱量が大きく、より安全な天然ガスによる都市ガス供給に切り替え、長期契約によりLNGを調達し、自前のLNGタンクから都市ガスを供給するようになる。このようにして発達してきた我が国のガス供給網は、LNG基地を起点としてガス供給会社の配ガス管により、需要家に供給する形のシステムが、主要な都市域毎に分立する形で発達してきた。

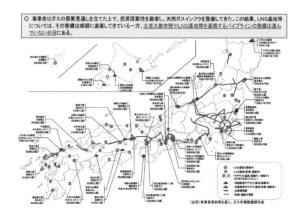

(出所)事業者資料等を基に、ガス市場整備課作成

　欧米においても、コークス炉ガス等による都市ガス供給が行われている頃は、我が国と同じような発達の経過を辿ったものと思われるが、米国においては、国内に豊富な天然ガス資源を持つために、ガス田から都市部へのパイプラインによるガス供給は、やがて全国をカバーするパイプライン網によるガス供給へと発展していく。欧州においても、北海のガス田、アルジェリアのガス田、ロシアのガス田から供給される天然ガスは、欧州全体をカバーするガスパイプ網により、欧州全体に供給される体制へと発展していく。

Source: Energy Information Administration, Office of Oil & Gas, Natural Gas Division, Gas Transportation Information System

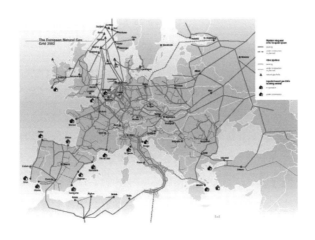

　欧米のガス供給網は、ガス供給源と広域パイプラインネットを接続する井戸本接続ラインと米国全体・欧州全体にガスを流通させる広域パイプライン網、需要地域毎に需要家にガスを送り届ける配ガス網とに分けられる。これは電力システムにおける、発電所接続線、超高圧送電線、配電網に概ね相当すると言えよう。ところが、我が国においては先に説明した通り、最初から現在に至るまで配ガス網しか存在していないと言ってほぼ間違いない。

　我が国で唯一存在する長距離パイプライン（新潟−仙台ライン、新潟−関東ライン）は、元々新潟のガス田からガスが生産されていた時代の名残で、元来は鉱山保安法に基づくガスパイプであったと聞いている。したがって、このパイプラインは、井戸元接続ラインの性格を持つものと言えよう。

　現在、経済産業省の主導の下にエネルギーシステム改革が鋭意進められており、2022年にはガス導管事業が分離されることになる。これは、欧米において進められてきたエネルギーシステム改革に習ったものであるが、米国で1992年にFERC（Federal Energy Regulatory Commission；米国連邦エネルギー規制委員会）により最初にOrder

No.636 が定められ、ガスシステム改革がなされた動機は、広域パイプライン網のオープンアクセスを確保することにより、ガス市場の活性化を図ることにあった。ガスパイプラインは、電力の送電線網と同様に「自然的な地域独占の性格」を持つために、パイプライン事業者に第三者に対する公平なパイプラインの運用を義務付け、これを確保するために、送ガス事業者(欧州流に言うと Gas − TSO(Transmission System Operator)) の分離を行ったわけである。欧州においても米国の経験を踏まえた同様なシステムに 2009 年の EU 指令で改革されている。これらの改革は、主として広域パイプライン網を運営する送ガス事業者を対象に行われたものである。欧米においては、広域パイプラインから各都市の入り口で配ガス事業者にガスが引き渡される結節点でガス卸売市場が形成される。ここでは、単に長期契約により定められた方法により価格が決まるのではなく、需給、ガス貯蔵、送ガスパイプラインの混雑の状況等でガスの価格が決まる。一方で、先に述べたように我が国には、広域パイプライン網は存在せず、配ガス事業者と配ガス網しか存在しないといって良いであろう。我が国のガス・エネルギーシステム改革が成功するためには、欧米の現在のシステムがどのように機能し、どのように市場が活性化されているかを知ることが出発点となるであろうが、残念ながら我が国には国内市場のみを見ている人が多い。すなわち、配ガス事業の観点のみでガスシステムを理解しようとしている人が多いということになる。また、ガス市場に関しても発想の原点が長期契約の軛から抜け出せない人が多いのではないかと推察される。さらに欧米のシステムがそもそもどのようになっているかを認識している人自体が少ないように見受けられる。

　本書は、このような我が国の状況を改善するべく、欧米のガスシステム、ガス市場について平易に説明する入門書として取りまとめたものである。おそらく我が国には、この手の書籍は、今まで存在していないのではないかと思われるので、関係者の基礎知識の蓄積に多少なりともお役に立てば幸いである。

目　次

第1章　米国のガスシステムの概要　　1

第2章　**英国のナショナルバランシング
ポイント**

　　2.1　**NBP** ‥‥‥‥‥‥‥‥‥‥‥‥‥‥‥‥‥‥‥‥‥‥‥‥‥‥‥‥‥‥‥　56

第3章　**アジアのLNGハブの可能性**

第4章　**米国ガス自由化の申し子エンロン**

第8章　LNGの契約と価格設定

147

第9章　エネルギー文明論

161

◎執筆者一覧

内藤 克彦 ［はじめに、第1〜3章］

蝦名 雅章 ［第4〜8章］

筒井 潔 ［第9章］

第1章

米国のガスシステムの概要

米国のガスシステムを理解することは、世界の標準的なガスシステムを理解するうえで基礎となる。米国で 1992 年に行われたガスシステム改革により、現在の欧米のガス市場の仕組みの基礎が作られたと考えても良いであろう。この米国のガスシステム改革で出現した市場システムの考え方は、後に、1996 年に米国で行われた電力システム改革にも利用されている。1996 年の米国の電力システム改革を担当した当時の FERC（Federal Energy Regulatory Commission；米国連邦エネルギー規制委員会）の委員長は、「ガスでの実績があったので、米国の電力システム改革は比較的スムーズに関係者の理解を得ることができた」との感想を述べている。例えば、電力で言うと NODE 価格（送電の結節点毎の卸売価格）は、ガスの世界に先に導入されていて、これがハブ価格（送ガスの結節点の卸売価格）である。現在は、世界的なガス価格の指標となっている Henry Hub（ヘンリーハブ）の価格というのは、ヘンリーハブにおける NODE 価格ということになる。

本章では、このような米国の現在のガスシステムについて主として FERC の資料に基づいて概説する。

▌1.1　米国の天然ガス供給

「在来型」、「シェールガス」のように天然ガスは採掘の方法により区分整理されている。ガス資源量は、「埋蔵量」と「確認埋蔵量」とに分けられるが、「埋蔵量」は、当該地域に賦存すると見積もられるガスの総量で、「確認埋蔵量」は試掘等による技術データに基づき、現在の経済・操業条件で現実的に事業化が可能とされるガスの量である。

天然ガスは、それが存在する盆地または岩石層のタイプによって特徴付けられる。在来型の天然ガスは多孔質の岩層に見られ、米国では伝統的な天然ガスの供給源である。一方、非在来型の天然ガスは、頁岩、炭層および固く低浸透性の岩層に見られる。2007 年に、National

Petroleum Council（NPC；全米石油審議会）は、非在来型の天然ガスを「大規模な水圧破砕処理、水平坑井、その他より多くの貯留層を坑井に接続させることによらない限り、経済的な採掘速度または経済的な量の天然ガスが生産できない天然ガス」と定義した。

　米国では、ここ数年の採掘技術の向上により、非在来型のガスへのアプローチが可能となり、特にシェールガスに関しては、採掘量と確認埋蔵量の顕著な増加をもたらしている。2014年では、2,853Tcf（天然ガス1Tcf（trillion cubic feet）は約10^{15}Btuの熱量）の埋蔵量が見込まれている。米国の天然ガス埋蔵量の増加は、より多くの天然ガス生産につながり、2014年には2005年比35%以上生産量が増加し、1日当たり700億立方フィートに達した。増加の大部分はシェールガスによるもので、天然ガス資源の50%を占めている。

　なお、以下の文章で天然ガスの量を表すいくつかの単位が出てくるが、これらの相互の関係は、**表1－1**のようになっている。

表1－1　天然ガスの量の単位

原油	天然ガス	販売ガス	LPG	LNG
1kl ≒ 6.29バレル	1cf ≒ 1,000Btu*			
1トン ≒ 7.4バレル	10億㎥ ≒ 700千トン（LNG）			
1バレル ≒ 6,000cf（天然ガス）	100百万cf／日 ≒ 700千トン／年（LNG）	1㎥ ≒ 37.32cf	1トン ≒ 10.5バレル（原油）	1トン ≒ 8.8バレル（原油） ≒ 1,400㎥（天然ガス）≒ 53百万Btu*
100千バレル／日 ≒ 4百万トン／年（LNG）	1兆cf ≒ 1百万トン × 20年（LNG）（20百万トン）			

※Tcf：trillion cubic feet＝10^{12}cf
出所：国際石油開発帝石INPEXウェブサイト

1.1.1　石油・ガスの生産の指標ーリグ数とリグ生産性

　石油・ガスを地下から取り出すために井戸を掘削する装置が「掘削リグ」である。井戸の掘削は、パイプの先端にドリルを装着したパイプを回転させて、地層を掘り下げることにより行われる。実際に石油・ガスの掘削に供されているこの回転式掘削リグの数を数えることにより、石油・ガスの生産の指標としたものが「リグカウント」である。

出所：FERCハンドブック
図1-1　掘削リグ

　この指標は、掘削作業に従事しているベーカー・ヒューズ社等のいくつかの会社によってまとめられている。従来は、リグカウントを将来の生産の大まかな予測指標として使用してきた。しかし、掘削技術の改善により、リグ数と生産量のデカップリングが生じてきている。Baker Hughes Inc. によると、石油とガスのリグ数は 1981 年 12 月 28 日に 4,530 でピークに達したが、その後、リグの生産性が大幅に向上し、リグ数は 80% 以上減少した。リグカウント総数の中で、シェールガス・オイルの生産に使用される水平掘削装置の数はここ数年の間増え続けているが、伝統的な垂直リグの数は着実に減少してきた。水平掘削のリグは垂直掘削のリグよりもかなり生産的であるため、水平掘削の採用により 1 台のリグ当たりの生産性を著しく増加させた結果、次第にリグの数の比較自体の意味をなくすこととなってきている。

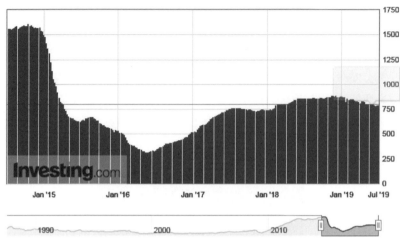

出所：ベーカー・ヒューズ社

図1−2　米石油採掘装置（リグ）稼働数

1.1.2　在来型天然ガスと非在来型天然ガスとは

　天然ガスは、従来、有機物質が埋められ加圧されて作られた地下貯留層で発見されてきた。有機物の残骸は、石油や天然ガスとして周囲の岩石に閉じ込められているため、天然ガスと石油はしばしば一緒に発見される。有機物が閉じ込められた層の深さと温度は、往々にして有機物が石油になるか天然ガスになるかを決定する要因となっている。一般的に、油は3,000 〜 9,000 フィートの深さで発見され、より深くそしてより高い温度の層の有機物は天然ガスとなるとされている。

　天然ガスベイスン（天然ガス盆）には、在来型と非在来型のベイスンがあり、各々のベイスンによりガスを発見できるベイスンの地質と深さが異なる。**図1−3**は、天然ガスが見られる様々な地層のイメージを図示している。

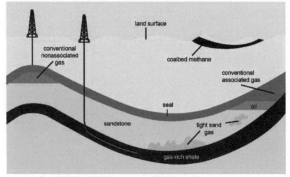

出所：EIAウェブサイト

図1−3　天然ガス田の発見される地層

1.1.3　在来ガス

　天然ガスは、従来は在来型天然ガス源として知られているガス田から生産され、1世紀以上の間にわたって米国のほとんどのニーズを満たしてきた。在来型のガスは、多孔質で浸透性のある岩石でできた地質学的ベイスンや貯留層から発見され、岩石の中の空間にかなりの量の天然ガスが保持されている。米国の在来型の天然ガスは、ロッキー山脈からメキシコ湾、そしてアパラチア山脈に至る円弧状の陸上・沖合で発見されている（図1−4参照）。最大の在来型ガス田は、テキサス州、ワイオミング州、オクラホマ州、ニューメキシコ州およびメキシコ湾の連邦沖合地域にある。2000年には沖合の天然ガス生産量は米国の総生産量の24％を占めたが、2013年までにその量は5％未満に減少した。米国の沖合天然ガス井は、連邦政府の管轄となる米国の経済水域の海底で掘削されている。英国では管轄海域は全てエリザベス女王の管轄とされており、このような海域の管轄方法の国もあるが、一般的には世界では、「領海」の範囲は沿岸自治体の管轄で、その外側の「経済水域」は国の管轄とされることが多い。米国において

も同様で、ほとんどの州では、海岸線から3海里以内の範囲の天然資源を管轄しているが、フロリダ州とテキサス州は9海里の管轄権を主張している。EIA（Energy Information Administration）によると、連邦の水域には約4,000の石油と天然ガスのプラットフォームがあり、海岸から200マイル（321km）沖合の7,500フィート（2,286m）の深さの地点で生産が行われている。これらの沖合の井戸のほとんどはメキシコ湾にある。沖合の生産は何十年も続けられているが、沿岸に近い、浅い水域の井戸の経済性が落ちるに従い、より深い水深の資源に目が向けられるようになってきている。技術的な改善により、より深い海域の井戸からの生産を継続することが可能となってきている。

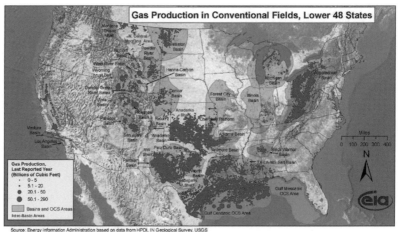

出所：EIA

図1−4　米国のガス田の分布

1.1.4　非在来型の天然ガス（シェールガス等）

近年、探査および掘削技術の革新により、非在来型の天然ガスの生産が急成長している。非在来型ガスの場合には、明確なガスベイスンからガスが発見されるという形を取ることはない。非在来型ガスの場

合は、ガスの閉じ込められる場所として主に、①頁岩、②タイトサンド、③広い範囲にわたる炭層という三つのタイプがある。これらの非在来型の天然ガスは何十年も前からその存在は一般的に認識されていたが、経済的に採掘する技術が開発されなかった。1990年代初頭にジョージ・ミッチェルが、テキサスの頁岩で何年もの実験の後に新たな掘削・生産方法を開発し、これらの種類の地層でのガス生産を経済的に実行可能なものとした。新しい技術としては、水平掘削および指向性掘削の井戸があり、生産者が複数のターゲットを掘り抜き、井戸の生産性を高めることを可能にした。指向性掘削の井戸は生産者が一点から多方向に延びる掘削穴を通して広範囲の資源を利用することを可能にする。水平掘削の井戸は一本の垂直の井戸から、より多くの資源を含む岩層に沿って水平方向に掘削するものである。これらの新しい掘削技術により、井戸の成功の可能性と生産性が大きく改善されたわけである。2014年の時点で、非在来型のガス田からの生産は、米国のガス需要の3分の2近くを供給するまでになっている。

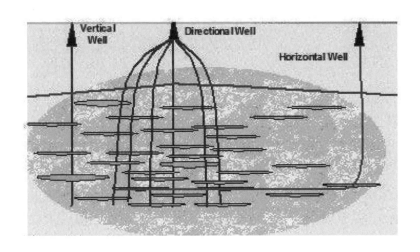

出所：EIA

図1－5　指向性掘削・水平掘削のイメージ

1.1.5　タイトサンドガス

　タイトサンドガスは、浸透性が低い砂岩、シルトストーン、炭酸塩の貯留層に含まれる天然ガスで、井戸を掘っても自然には流れ出さない天然ガスである。タイトサンドガスを抽出するには、岩石を破砕して生産を促進する必要がある。米国には約 20 のタイトサンドベイスンがある。2012 年時点で、年間生産量は約 5 Tcf、これは米国の国内ガス生産量の約 5 分の 1 に当たる。

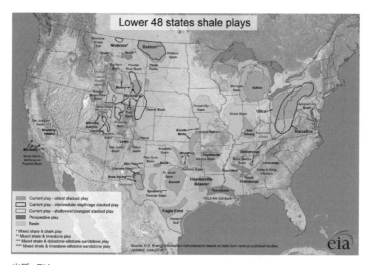

出所：EIA

図1-6　米国のシェールガス生産地域

1.1.6　コールベッドメタン

　コールベッドメタン（CBM）は、炭層に閉じ込められた天然ガスである。炭層の亀裂は通常水で満たされている。炭層が深ければ深いほど、存在する水は少ない。炭層からガスを放出させるために、炭層の亀裂内に圧力をかけ、炭層から水を除去する。米国地質調査所によると、米国の炭層メタン資源は 700 Tcf を超えると推定されている

が、その 100 Tcf 程度は経済的に回収可能である可能性がある。米国のCBM生産の大部分はロッキー山脈地域に集中しているが、中部大陸およびアパラチア地域でも生産活動がある。

1.1.7　シェールガス

シェールガスは、泥岩、粘板岩、および一般的に頁岩として知られている岩石等の低透過性と多孔性を持つ細粒性の堆積岩中に存在している。これらの岩石から天然ガスを解放するためには水圧破砕(フラッキング) として知られている特別な技術が必要となる。この技術は、一連の放射状爆破と水圧を使って水平方向に岩を破砕するものである(図1-7参照)。

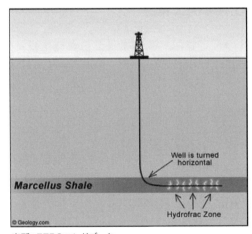

出所：FERCハンドブック

図1-7　水圧破砕のイメージ

2000 年頃からの 10 年間で、シェールガスが豊富な地層を見つけるための探査技術は、新しい井戸がほぼ常に天然ガス生産に成功するという程度にまで改善された。改良された掘削および製造方法と改良された探査技術を組み合わせることにより、シェールガスを発見し製造するコストは下がり、その結果、生産の著しい増加がもたらされた。

2014 年には、シェールガスが総ガス生産量の約 45%を占め、さらに将来的に大幅な増加が見込まれている。2014 年の時点で、米国の六つの主要なシェール地帯は、バーネット、フェイエットヴィル、ウッドフォード、ヘインズヴィル、イーグルフォード、そしてマーセラスとなっている（**図 1 − 6**参照）。シェールガス地帯は米国全土に広く分布しており、需要地に近いところでガス生産を行うことにより、ガス輸送のボトルネックとコストを減らすというさらなるメリットが加えられることとなった。

多くのシェール貯留層には natural gas liquids（ガスに随伴する有機液体成分）も含まれている。これは、別途、販売することができ、天然ガスの生産の経済性を更に高めることに貢献している。

1.1.8 シェールガス革命

シェールガスの推定資源、確認埋蔵量および生産量は 2005 年以来急速に増加しており、シェールガスは米国のガス生産を変革させている。EIA によると、2013 年にはシェールガスが天然ガスの総生産量の 40%を占めており、米国で生産されるガスの主な供給源となっている。

2014 年時点で、炭層メタンが生産量の 5 ％を占め、天然ガスの 18％が石油井戸から、38％が天然ガス井戸から生産されている。新しいシェールガス田により、ドライシェールガスの生産量は 2006 年の 1 Tcf から 2014 年には 12 Tcf を超えている。また、石油・NGL といった液体分が豊富な Wet シェールガス埋蔵量は、米国の天然ガス埋蔵量全体の約 20％を占めている。EIA によると、シェールガスは 2040 年に米国の天然ガス生産の約 53％を占めると予測されている。シェールガス坑井の生産性は過去 10 年間で大幅に向上し、掘削および破砕技術の進歩により探査、掘削、および製造コストが削減されてきている。生産性の向上とコストの低下により、低価格で大量のシェールガスが生産されるようになってきている。

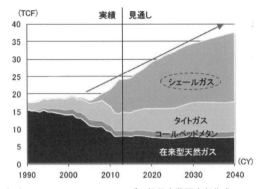

出所：EIA, AEO2014より　みずほ銀行産業調査部作成

図1-8　米国の天然ガス生産の見通し

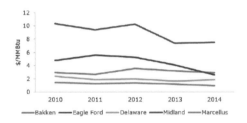

出所：Rapid Response Energy Brief January 2017

図1-9　Evolution of unit drilling and completion costs over 2010-2014 in major US shale gas plays

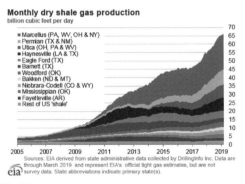

出所：EIA

図1-10　シェールガス生産量の推移

米国のシェールガスの生産コストは、ガス田によってかなり異なる。筆者の聞いているところによると、シェール貯留層の岩質にも大きな差があり、天然の割れ目が発達している比較的簡単に水圧破砕できる岩層もあれば、容易に水圧破砕ができない岩層もあるとのことである。この採掘の容易性と資源埋蔵量とは全く別のファクターであるため、資源埋蔵量の大きさだけで採掘権を確保しても採掘が容易でなく多大のコストを要するため採掘がペイしないということもあり得るわけである。シェールガスの資源は、全米に広く分布しているが、天然ガス価格との関係でどのガス井からの生産が可能になるかが決定される。

　多くのシェールガス井においてNGL（天然ガス液）が存在し、シェールガス井の収益性を増大させている。NGLの価格は、天然ガスの価格よりも原油価格に密接に関連しているため、液体含有量の多い天然ガス井は、天然ガスのみを生産する井戸よりも収益性が高い。典型的なNGLには、40 ～ 45%のエタン、25 ～ 30%のプロパン、5 ～ 10%のブタンおよび10 ～ 15%の天然ガソリンを含有していると考えられている。これにより、シェールガス井は天然ガスだけを生産する井戸よりも天然ガス価格の影響を受けにくくなる。

　図1 − 11に示すように、NGLの各成分は、一般に天然ガスより高価格で取引されており、シェールガス田の採算性を上げるのに貢献している。経済産業省の分析によると米国内で天然ガスとNGLの両方を産出する井戸の割合は2007年の37%から2012年には56%に増加し、天然ガスと併産されるNGLの量は2008年には天然ガス全体の4.5%だったのに対し、2013年には5.2%となっているとのことである。米国エネルギー省（DOE）によれば、2008年から2013年までの間に、天然ガスと併産されるNGLの量は年間7%のペースで増加している。

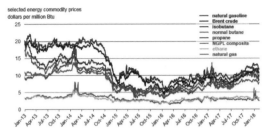

出所：DOE資料

図1−11　NGL Prices Compared to Crude Oil and Natural Gas

　Colorado School of Mines のガス委員会によると、アパラチアのマルセラス頁岩層はその位置、大きさ、資源の可能性から特に注目に値する。Marcellus Shale は、ガス資源が 549 Tcf に達すると推定されており、ウェストバージニア州からニューヨークまで、北東部と中部大西洋の人口密集地の近くまで伸びている。Marcellus Shale は 2008年以来大量のガスを生産してきたが、高い初期坑井圧力と高い生産率で生産量が拡大した。Marcellus でのガス生産量の増加は、すでに米国のガス輸送に影響を及ぼしている。Marcellus は米国東部の需要地に近いため、Marcellus から生産されるガスの量が多くなればなるほど、ロッキー山脈地域や湾岸地域のガス田から米国東部に供給するために必要なガスはますます少なくなることになる。このような新たなガス生産は、米国の北東部と米国の他の地域との間の長年にわたる天然ガス価格の価格差の低下に大きく貢献し、カナダからの輸入の減少にも寄与している。米国では全国広域パイプラインで全国が接続されているが、パイプラインの送ガスキャパシティの制約があると、パイプラインの送ガスネックの前後で市場価格が異なるものになる。これは、送電ネックの前後で卸売電力市場の価格が異なるものになるのと同様である。従来は、米国南部等から長距離のガスパイプライン輸送により東部にガスが供給されていたために、ガスの需要期には送ガス能力の不足から東部では価格が高騰するのが常態となっていたが、東

15

部近郊で大量にシェールガスが供給されるようになったために、送ガス制約による価格差が解消され、東部のガス価格が低下したわけである。

1.1.9　シェールガスと環境問題

　環境問題は、シェール開発を継続するための最大の潜在的課題である。課題の一つは、水圧破砕に使用される大量の水とその排水の処理に関するものである。化学薬品と砂を水と混合して破砕溶液を作り、それを深い層にポンプで運び利用するが、いくつかの会社ではこのような水を循環再利用して用いている。飲料水に混入する廃水に伴う潜在的なリスクと健康へのリスク（特に地上の貯水池に保管されている場合）についても懸念が生じている。

　米国東部のニューヨーク州では、環境問題を懸念して、州内におけるシェールガスの掘削を禁止している。ニューヨーク州は、マンハッタンを抱える大消費地であるので、筆者がニューヨーク州で聞いたところによると、ニューヨーク州の州境のすぐ外側に沢山のシェールガス井が掘削され、州内にガスを送り込んでいるそうである。

‖ 1.2　米国のLNG取引

　液化天然ガス（LNG）は、液化するために華氏マイナス260度に冷却された天然ガスで、その容積は600分の1に減少する。LNGは、パイプラインネットワークで接続されていない場所に船舶やトラックで輸送されることがある。天然ガスは液化施設に送られてLNGに変換される。これらの施設整備は主要な工業地帯では、通常20億ドルの費用であるが、一部には500億ドルもの費用を要するものもある。一旦液化すると、LNGは一般的には極低温で断熱されたタンクを有する特殊船によって輸送される。LNGが受け入れ（再ガス化）ターミナルに到着すると、LNGは荷卸しされ、発送準備が整うまでLNG

タンクで液体として保管される。ガスを送出するためには、再ガス化ターミナルでLNGを加熱しガス状態に戻し、パイプライン輸送ネットワークに送りこみ、消費者へ配送することになる。

　LNGに液化すると、LNG船で輸送している間、LNGタンクに貯蔵している間に極低温を維持するためにボイルオフガスとして少量ずつガスを気化させる必要があり、これらのボイルオフガスは、LNG船の場合は船の燃料として利用し、LNGタンクの場合はパイプラインで販売する必要がある。このようなことからLNGはパイプラインガスと異なり、輸送に伴うロスが**表1－2**のように大きく、一般に国内におけるガスの輸送はパイプラインで行われている。米国においても同様であるが、国外への輸出、南部から東部への輸送などの長距離輸送では、LNGを利用することも考えられることになる。

表1－2　輸送方法の比較

輸送方法	エネルギー密度	輸送・転換損失	輸送容器	場　　所	適応輸送距離
常温常圧	0.1				
パイプライン(80bar)	8	2%	小〜大	陸上と海底	中〜長距離
LNG	60	10〜20%	中〜大	陸上と海上	中〜長距離
CNG(200bar)	20	5%	小〜中	陸上	短距離
メタノール転換	50	30〜40%	中	主に陸上	中〜長距離
ガソリン転換	100	45%	中	主に陸上	中〜長距離
電力転換	>100	50%	中	陸上	中距離

出所：山本 純、秋山 雅「天然ガス輸送と日本におけるパイプライン敷設の問題点」

　現在、世界全体で95 Bcfd（Billion Cubic Feet per Day（10億立方フィート）≒ LNG換算770万トン／年）を超える再ガス化設備容量が存在し、液化設備容量の2.5倍を超えている。過剰な再ガス化能力はLNG供給業者に有利に作用し、LNG供給業者は最も高価な市場を選んでLNGを荷揚げすることができる。LNGプロセスのコストは、天然ガスの製造と液化のコスト、およびLNGの輸送距離にもよるが、100万British thermal units（MBtu）当たり2〜5ドルである。液化と輸送がコストの大部分を占め、再ガス化はLNGサプライチェーン

のあらゆるコンポーネントの中で最小コストとなっている。LNG受入・再ガス化施設のコストにはかなり幅があり、これらのコストの大部分は港湾施設と貯蔵タンクの開発による。700-MMcfdのLNG受入・再ガス化施基地は、通常、5億ドルから8億ドルの範囲のコストとされている。LNGプロセスの様々なコンポーネントは、**図1-12**にまとめられている。

出所：FERCハンドブック

図1-12 LNGプロセスのコスト

最近では、地球温暖化に伴い、北極海の海氷が少なくなってきたため、北極海沿岸のガス田の開発が進みつつある。この場合には、LNG船は砕氷型LNG船、液化基地も陸側の地盤に問題があるため、液化基地船として洋上の液化基地となることが想定されている。以下は、ロシアのヤマルのプロジェクトで用いられる砕氷LNG船である。

出所：トランスパシフィックエナジー

図1-13 砕氷LNG船

1.2.1　米国のLNG

　米国は 2014 年時点では、日本に次ぐ LNG 再ガス化容量を持つ国である。2014 年時点で、11 の LNG 受入・再ガス化基地があり、19 Bcfd の輸入容量と 100 Bcf のストレージ容量を持っている。

　EIA によると 2003 年から 2008 年の間には、米国は 1 ～ 3 ％の天然ガス需要を LNG 輸入により賄っていた。LNG 輸入は 2007 年夏に約 100 Bcf ／月でピークに達したが、比較的低コストの米国のシェールガスの生産が増加するにつれて、米国の LNG 輸入は減少し、メキシコ湾岸沿岸のターミナルに最も影響を及ぼした。今日、ほとんどの LNG は、Everett（ボストン）および Elba Island（ジョージア）の LNG ターミナルを経由する長期契約（全体の約半分）で米国に入っている。LNG の残りの部分は、短期契約またはスポット貨物として米国に入っている。米国の LNG 価格は通常、輸入ターミナルに最も近い取引地点での実勢価格にリンクしている。

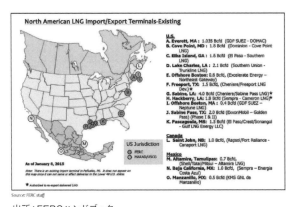

出所：FERCハンドブック

図1-14　米国のLNG基地

　2011 － 2014 年の間のシェールガス生産の増加の結果、米国では国内で生産された LNG を大量に輸出する提案が行われた。米国で

は、2015年1月時点で、いくつかのLNG輸出施設が承認されている。1969年以来、少量のLNGがアラスカから日本等の環太平洋諸国に出荷されてきた歴史はあるが、米国からシェールガスの輸出が本格的に始まるとLNGの市場が大きく変化する可能性がある。テキサスのFreeportのLNG基地も当初は、LNGの受け入れ基地として整備されたが、LNGの液化設備・出荷設備を追加し、LNGの輸出基地としての機能を整備しているところである。

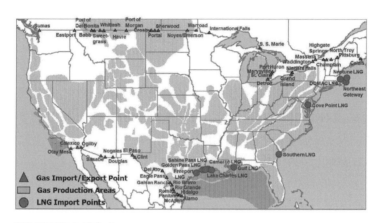

出所：FERCハンドブック

図1-15　米国の天然ガス輸出入地点

▎▎1.3　天然ガスの処理と輸送

　米国のほとんどの国内天然ガス生産は、主要な人口密集地からかなり離れた地域で行われている。ガス井から消費者にガスを届けるためには、膨大な数の処理施設と250万マイルのパイプラインが必要となっている。2014年時点で、このネットワークは数百万の顧客に26 Tcf以上の天然ガスを供給している。米国の天然ガスシステムは、米国本土48州のほぼすべての場所の間で天然ガスのやり取りできるように整備されている。この点が我が国とは根本的に異なる点である。

このため、米国のガス市場は、広大な米国本土全体で一つの市場として機能している。また、広大な米国ガス市場で遠距離の取引を可能とするような工夫がされている。例えば、メキシコ湾岸のガスをカリフォルニアで利用する取引である。実際のガスの流れとしては、よりカリフォルニアに近いロッキーやテキサス北部のガスがカリフォルニアに流れているのかもしれないが、ガスグリッド全体をパワープールと見なして、遠距離の市場取引を可能とする工夫がなされている。このように全国市場としての取引を可能とすることにより、ガス市場の地域的独占を排除し、消費者に有利なガス供給が行われるようにしているわけである。ガス市場が効率的な市場として機能するには、このガスネットワークが堅牢で、消費者が複数の生産センターからのガスにアクセスできるようにする必要がある。供給の多様性は信頼性を高め、価格を適正にする傾向があるが、一方で送ガスネットワークの送ガス制約があると需要側の価格は上昇することになる。ガス価格の平準化のためには、送ガス管の整備が必要となるが、ガス価格差の大きい区間では、送ガス管理者のメリットも大きくなるため、市場原理で送ガス管の整備も進むこととなる。

1.3.1　天然ガスの処理

　ガス井とパイプラインの間の天然ガス産業の中流セグメントは**図1 − 16**に示すとおりである。このセグメントは、ガス井からガスを集め、液体や不純物を除去するためにガスを処理し、そして処理された天然ガス（ドライガス）をパイプラインに送り込む、抽出された液体（NGL）は精製装置に送り、液体を個々の成分に分溜する。液体成分は石油化学産業、製油所および他の産業需要によって使用される。2010 年には米国で約 500 のガス処理プラントが操業している。

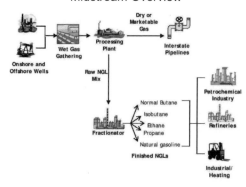

Midstream Overview

出所：FERCハンドブック

図1-16　天然ガスの処理

　ガス井が完成し生産が開始されると、生産された天然ガスは小口径の収集パイプラインにより、通常はガスを坑口から処理プラントまたはより大きなパイプラインのいずれかに送られる。天然ガスと石油が自然に分離しない場合は天然ガス処理プラントによる前処理が必要となる。処理プラントでは、WET 天然ガスが脱水され、副生成物や不純物（硫黄や二酸化炭素など）が抽出される。NGL として抽出された炭化水素液は、石油化学製品に使用される高付加価値製品である。処理により NGL が抽出されると、さらに蒸留分留プラントにより個々の成分に分離される。処理が完了すると、ガスはパイプライン品質のものとなり、州内および州間のパイプラインで移動する準備が整うことになる。

　なお、バイオガスについても米国では、同様な対応が行われている。メタン発酵や高温ガス化炉で有機物から製造された生のバイオガスには、不要な水分やパイプラインに有害な硫黄分等の不純物を含んでいるので、パイプラインの受け入れ基準に適合するように、水分、不純物を除去する簡単な前処理が必要となる。前処理を行いパイプライン受け入れ基準に適合したバイオガスは、「バイオメタンとして州内および州間のパイプラインで移動する準備が整うことになる。なお、カ

ロリーについては、受け入れ基準の幅がかなり広くなっている。我が国のガス会社のガス管は、配ガス事業者のガス管なので、カロリー調整や匂い付けが行われた後のガスがガス管の中を流れているが、米国の広域の送ガス事業者のガス管には、このようなカロリー調整を行う前の「生ガス」が流れている点が異なる。米国の送ガス管の全国ネットワークは、生ガスが流れているという点では、我が国の一部の電力会社が持つガス管に近いものと言えよう。我が国で、配ガスと送ガスが分離していないのは、電力の場合と同様で、制度的にはかなり後れを取っているということになる。

　米国のバイオガスの受け入れ基準の例は**表１－３**のとおりである。

表１－３　米国各社のbiomethane quality standards

Pipeline Company	Heating Value (Btu/scf)		Water Content (Lbs/ MMscf)	Various Inerts			Hydrogen Sulfide (H_2S) (Grain/100scf)
	Min	Max		CO_2	O_2	Total Inerts	
SoCalGas	990	1150	7	3%	0.20%	4%	0.25
Dominion Transmission	967	1100	7	3%	0.20%	5%	0.25
Equitrans LP	970	–	7	3%	0.20%	4%	0.3
Florida Gas Transmission Co.	1000	1110	7	1%	0.25%	3%	0.25
Colorado Intrastate Gas Co.	968	1235	7	3%	0.001%	–	0.25
Questar Pipeline Co.	950	1150	5	2%	0.10%	3%	0.25
Gas Transmission Northwest Co.	995	–	4	2%	0.40%	–	0.25

出所：SoCalGasウェブサイト

　米国では、**図１－17**に示すように生のバイオガスをパイプライン受け入れ基準を満たす程度に精製し、バイオメタン（あるいはRNG）として、送ガスパイプに投入する。

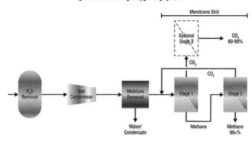

Figure 6. Membrane gas upgrading system

出所：BioCycleウェブサイト

図1−17　ガスアップグレードシステムの例

　カリフォルニア州サクラメントの市民電力であるSMUDにて聞いたところによると、コロラドの牧場やテキサスの廃棄物処分場で作られるバイオメタンを相対契約で調達し、広域パイプラインにてカリフォルニアのサクラメントまで送り、サクラメントのガス火力発電で用いているとのことであった。もちろん、コロラドやテキサスでパイプラインに注入されたバイオガスが直接サクラメントまで来ているわけではなく、振替で最寄りの天然ガスがサクラメントにおいてはカロリー換算で同量引き抜かれているわけであるが、広域送ガス網により広域市場が作られているとこのような取引が可能となるわけである。

出所：SMUDウェブサイト

図1−18　米国西部の送ガスパイプライン

1.3.2　天然ガスの輸送

　米国の広域の州間パイプラインは米国の天然ガスパイプライン総延長の63％を占め、州境を越えて天然ガスを運ぶ。　州内のパイプラインが残りの37％となっている。州間ネットワークは、ドライの天然ガスを生産地域から配ガス事業者や大企業等の大口顧客、発電所および天然ガス貯蔵施設に送りこむ。直径が16インチ（約41cm）から48インチ（約1ｍ22cm）までの範囲の大口径のパイプラインにより、主要なハブ間のガスの広域輸送を行う。直径6インチ（15cm）から16インチ（41cm）の範囲の小口径のパイプラインは、小売顧客にガスを供給するのに用いられる。

　大規模なパイプラインは、メインラインの送ガスパイプラインとして知られている。米国では、主要なパイプラインに使用されるパイプ・バルブなどは、アメリカ石油協会（American Petroleum Institute）やアメリカ機械学会（American Society of Mechanical Engineers）などが定めた基準に従い作られている。また、地下埋没パイプは、外部腐食を避けるためにポリエチレンなどでコーティングされていたり、地中で腐食しないように周囲の土壌と若干の電位差を持たせるようなことも行われている。内部腐食対策としては、腐れ代やガスの受入れ基準で対応している。低圧で運営される小さい配ガス線の場合は、プラスチック材料で作ることができ、柔軟性と交換の容易さを実現している。

　米国の天然ガスの送ガスパイプラインの全体の約6分の1は、テキサス州内に位置している。また、全体の半分以上はテキサス州、ルイジアナ州、カンザス州、オクラホマ州、カリフォルニア州、イリノイ州、ミシガン州、ミシシッピ州、ペンシルバニア州の9州に立地している。

　天然ガスを産地から需要地に確実に送り届けるためには、送ガスパイプライン網内の圧力分布を適切に維持する必要がある。このために、コンプレッサーステーションが、パイプに沿って50〜100マイル（80

〜160km）毎に配置され、パイプ内の天然ガスの圧力調整・維持を行い、パイプ内のガスの流れをコントロールしている。コンプレッサーステーション等において天然ガスは、タービン、モーターまたはエンジンによって圧縮されるが、タービンとエンジンは、パイプラインからのガス供給により運転され、モーターは外部の電源に頼ることになる。

　計量ステーションはパイプラインに沿って配置され、天然ガスがシステムを通って移動する際の流量を測定する。また、パイプラインに沿った天然ガスの移動は、一連のバルブの開閉操作により制御されることもある。大型のバルブは、パイプラインに沿って5〜20マイル（8〜32km）毎に配置されることが多い。パイプラインオペレータは監視制御・データ取得システム（SCADA）を使用して、天然ガスの移動を追跡監視している。SCADAはメーターおよびコンプレッサーステーションからデータを収集し、管理する集中通信管理システムとなっている。SCADAはまた、これらの情報を中央管理ステーションに送り、パイプラインのエンジニアが常にパイプラインシステム上で何が起きているのかを知ることができるようになっている。

　天然ガスは消費地域の近くに来ると、地下貯蔵施設に保管されることもある。この貯蔵能力が大きいほど、送ガスパイプラインおよび配ガスシステムの運用の柔軟性と価格の安定性をもたらす。貯蔵施設は、需要が少ない期間に余剰ガスの受け入れ先となり、また、需要が大きい時期に直ちにアクセス可能な供給源となることによって価格変動を緩和するのに役立つことになる。

　一部の天然ガスは「ラインパック」としてパイプライン内に貯蔵することも可能である。ラインパックは、パイプライン内を通常よりも大きな圧力にすることでパイプライン内に天然ガスを貯蔵する方法で、パイプライン網全体が巨大なガスタンクとして機能することになる。

出所：EIA資料

図1-19　米国の天然ガス広域パイプライン網

◎天然ガスインフラの概要

米国の天然ガス市場は、次のような大規模なインフラに支えられている。

● 大口径、高圧の州間および州内のパイプライン網約30万3,000マイルが、メインラインのパイプライン送ガスネットワークを構成しており、これらは、210社以上の企業が運営している。

● 1,400以上のコンプレッサーステーションが天然ガスパイプラインネットワークの圧力を維持している。

● 5,000を超える受入ポイント、11,000の払出ポイント、および1,400の相互接続ポイントが、米国内のガスの流れを規定している。

● 送ガスパイプラインの相互接続点に約40のハブ・マーケットセンターが置かれている。

● 400を超える地下天然ガス貯蔵施設がシステムの柔軟性を高めている。

● 国境49カ所で天然ガスをパイプラインにより輸入または輸出することができる。

- 九つの LNG 輸入施設と 100 の LNG ピーク施設（ピーク需要期に備えてガス貯蔵する施設）がある。
- 1,300 社を超える地域配ガス会社が小売顧客に天然ガスを供給している。

出所：EIA

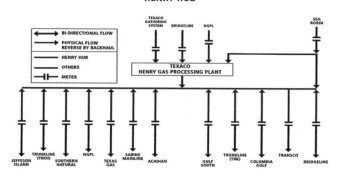

出所：FERCハンドブック

図1−20　ヘンリーハブの構造

1.3.3　ハ　ブ

　パイプライン流通ネットワークの重要な部分は天然ガスハブである。一般的に、パイプラインから別のパイプラインへのガスの移動を可能にするパイプラインの相互接続点にハブは位置する。米国には数十の天然ガスハブがあり、うち 20 以上が主要なハブとなっている。ヘンリーハブは、物理的天然ガス市場における代表的なベンチマークポイントとなっている。ここは、メキシコ湾岸の生産地と東海岸および中西部の大消費センターを結ぶ多数の送ガスパイプラインの結節点として戦略的な位置を占めている。ルイジアナの南部、Erath の町に位置し、12 以上の主要な天然ガスパイプラインがここに集まり、ガスの交換をしている。ヘンリーハブには、12 の払い出しポイントと

四つの主要受け入れポイントが集中している。物理的な製品としての
ガスは、毎日、毎月の市場で、米国中に立地するヘンリーハブやその
他のハブで購入・販売することができる。

　米国のシステムでは、送ガス管の結節点や配ガス事業者やガス井か
らの接続パイプラインの結節点（NODE）において、ガスの卸売価格
（NODE 価格）が決定される。詳細は今後の調査が必要となるが、ま
ず主要なハブ間でまず広域の価格差が決定され、次にその主要なハブ
の価格を元にその周辺の結節点の価格が決定されているものと推測さ
れる。このノーダルプライシングの手法は、米国においてガスでまず
開発され、電力システムに応用されたものと言われている。各結節点
のガス価格は、その結節点に接続される送ガス管の混雑の状況を反映
した需給バランスにより決まるという点では、恐らく電力の場合と同
様と考えられる。ヘンリーハブの価格というのは、ヘンリーハブの
NODE 価格ということになる。

　さらに、ニューヨーク・マーカンタイル取引所（NYMEX；New
York Mercantile Exchange）は、中央天然ガス先物センターを1990
年にヘンリーハブに設置し、これは一般的に広く受け入れられている
とおり、米国の天然ガスの参照価格として使用されている。

出所：EIA資料

図1−21　米国の天然ガスハブ

LNG の取引に関しても近年ハブの設置が注目されはじめている。
LNG については、我が国や韓国が需要の大宗を占めていた時代には、
長期契約に基づく取引が中心で、ハブ市場の発達する余地がなかった
が、欧米が LNG の取引を活発に行うようになって、LNG のスポット
市場が活発化し、LNG ハブの設置が俄かに現実的となってきている。
現在では、世界の LNG 取引の約 3 割をスポット取引が占めるに至っ
ている。LNG ハブは、ガスパイプラインにおけるハブからの類推で
は、LNG 取引の供給側と需要側の結節点としての LNG 貯蔵基地にお
いて、LNG の NODE 市場を設定するということであろう。アジアに
おける LNG 需要の高まりを受けて、早速、シンガポールにＢＧの支
援の下にアジア第 1 号の LNG ハブが設置されたところである。北米
のハブの分布を見ても分かるように、需要側、供給側のグローバルに
見て地理的に戦略的な地点において複数の LNG ハブが発達するので
はないかと推測される。ただし、パイプラインにおかれるハブのハブ
価格が、ハブ間の送ガス管の混雑に左右されるのに対して、LNG ハ
ブの場合は、ハブ間の輸送能力や輸送コストの影響を受けることにな
ろう。LNG の現物市場が形成されると、現物取引の市場価格変動に
対するリスクヘッジのために、LNG の金融市場が形成され、価格変
動のリスクヘッジのための様々な金融商品も開発されていくことが想
定される。

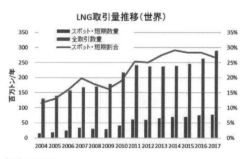

出所：GIIGNL

図1-22　LNG取引量推移（世界）

1.3.4　配ガスサービス

　配ガス管は、通常、大規模な送ガスパイプラインからガスを受け入れ、小売顧客にガスを供給する役割を担っている。一部の大消費者－例えば、工場等の大規模顧客や発電所－は、送ガスラインから直接ガスの供給を受けることがあるが、ほとんどの顧客は地元のガス小売会社または配ガス会社を介してガスを受け取ることになる。これらの企業は、通常、天然ガスを顧客に代わって購入し、地元の市町村の入口において送ガスパイプラインからガスを受け入れ、顧客のメーターまで届けることになる。米国運輸省の Pipeline and Hazardous Materials Safety Administration によると、この配ガスのために合計 200 万マイル（320 万 km）以上の小口径のパイプラインのネットワークおよび小規模コンプレッサーとメーターが設置されている。一部の州では、地方レベルでの天然ガスサービスの競争を許可している。このような場合には、天然ガス販売業者が天然ガスを購入し、州間パイプラインネットワークと配ガスシステムの両方を経由して出荷されるように手配することになる。

　我が国のガス会社のパイプラインは、全てこの「配ガス管」として区分されるものである。我が国では、現在、ガスシステム改革が進められているが、我が国にガスの卸売市場を作ろうとしても、卸売市場の置かれる場所は本来、送ガスグリッドと配ガスグリッドの結節点になるので、本来の卸売市場を作ることは難しい。配ガスグリッドの中に作れるのは地域毎の小売り市場でしかない。我が国において、本当の意味のガスシステム改革を行うためには、全国を広域的に結ぶ送ガスパイプライン網の整備が必要であろう、これにより、初めて、ガスの「日本市場価格」というものが形成されることになる。

　広域の送ガスパイプライン網が無い場合でも、我が国の中に LNG ハブが形成されると、広域パイプラインの代わりに、LNG 船による拠点間輸送により、LNG の疑似全国市場が形成されることも考えら

れる。この場合も、現在の我が国のLNG基地のように「受け入れ専門施設」では市場は形成されず、地理的に戦略的位置を占めるいくつかのLNG基地を「出荷施設」も持ち、第三者が取引に利用できるオープンなものに変えていく必要があろう。

1.3.5　パイプラインサービス

我が国のように配ガスパイプラインの世界では、パイプラインの持ち主と中のガスの持ち主は、概ね一致しているが、送ガスパイプラインの世界では、パイプラインの運営者と中のガスの持ち主は、一般に異なる。ガスを購入し送ガスパイプラインを利用して顧客まで届ける「ガスの荷主（持主）」のことを「シッパー」という。米国においては、パイプラインの送ガス管理を行う送ガス管理者と送ガス管の所有者が一致する必要も必ずしもない。送ガスの管理者は、送ガス管内の圧力分布を維持するために、自らガスを購入・販売することもあり、また、遠方のガス田のガスを現地で買い取り、パイプラインにより需要地の近くに持ってきて、顧客に販売することもある。

送ガスパイプライン利用者たるシッパーは、広域パイプライン上の様々なサービスを選択することができる。一つはファーム輸送サービス（またはプライマリーマーケットサービス）で、パイプラインとシッパーの間に直接1年以上にわたって、ガス注入ポイントおよび払出ポイントを定めて行う送ガスサービスである。一般的に、ファーム輸送サービス契約を持つシッパーは、契約数量分の輸送を優先して行える。第2のタイプの輸送サービスとして、シッパーは、中断可能輸送サービスを契約することができる。この輸送サービスは中断可能な輸送サービスであり、パイプラインが利用可能なときに限り、送ガスが行われるようなスケジュールまたは契約でサービスが提供される。このサービスの場合には、需要のピーク時またはシステムの緊急事態が発生した場合に指定された日数または時間の間、直前の連絡をすることでパイプライン管理者は送ガスを中断することができる。その代わ

り、中断可能サービスの顧客は低い利用料金でパイプラインを利用することができる。ガスの輸送権の二次市場については、FERC のキャパシティーリリースプログラムの規定により、シッパーは第三者に対して保有するパイプライン容量の売却をすることができる。一次市場で提供されたサービスを保有するシッパーは、セカンダリ市場でこのサービスを転売することができる。市場にリリースされたパイプラインの送ガス容量により、パイプライン管理者から直接購入するのと同様に、市場参加者がお互いに送ガス容量を売買する機会が作られることになる。また、送ガス容量の一次取得者は、パイプラインのシステム運営上支障が生じない範囲で、保有キャパシティ全体ではなく、一部の部分だけを市場にリリースすることもできる。

さらに、広域送ガスパイプラインは、「無通知サービス」というサービスも提供している。このサービスでは、ファーム輸送サービス契約を持つシッパーは、ペナルティを課されることなく、毎日ファーム輸送サービス契約で定められた上限量に達するに至るまでの量のガスの送ガスを受けることができる。ファーム保管・輸送サービスの権利を持っているシッパーがこのサービスを利用すると、上限に達しない限りは、シッパーは前日市場で立てたスケジュールと異なる量をインバランス・ペナルティが課されることなく受け取る権利を持つことになる。

「無通知サービス」は、送ガスキャパシティいっぱい送ガス管が使用される需要が高い時期に特に重要である。このサービスを利用すると、毎日の正確な負荷レベルを把握しきれないにもかかわらず、負荷に対応しなければならない配ガス事業者にとって特に役立つ。「無通知サービス」は、一般的にファーム送ガスサービスより高いプレミアム価格で提供される。シッパーは FERC 承認のキャパシティリリースガイドラインに基づき、このサービスの権利も他の事業者に一時的に譲渡することができることになっている。

1.3.6 広域ガス輸送の価格

　パイプラインによるガスの輸送料金は、ゾーン価格制、距離制、または、郵便型定額方式により設定されている。ゾーン単価制では、輸送の価格は一連のゾーンを跨る場合は、ガスの払い出しを行うゾーンとガスの注入を行うゾーンの組み合わせにより異なる価格となる。これは、電力のノーダルプライシングと同様で、ゾーン間の価格差には送ガス制約等が反映され、これが輸送料金に反映されることになり、必ずしも距離による課金という性格ではないと考えた方が良い。この場合、ゾーン内のやり取りは、距離にかかわらず定額となる。この方式は、ガスグリッド全体を複数の価格圏から構成される、いくつかに分割されたガス市場の集合体と見なしていることになる。

　郵便型定額方式では、シッパーはガスの移動距離に関わらず定額を支払うが、これはハガキをニューヨークに送ろうとカリフォルニアに送ろうと同額となるのと同様である。この方式では、ガスグリッド全体で単一市場を構成するパワープールと見なしていることになる。郵便型定額方式を使用するパイプラインには、ノースウエストパイプライン、コロラド州間ガス、およびコロンビアガス輸送がある。

　距離制の料金では、シッパーはガスがパイプラインへのガスの注入地点とパイプラインから取り出される払い出し地点の間の距離に基づいて料金を支払うことになり、古典的な料金システムである。ガス輸送ノースウエスト（GTN）は距離制の料金を採用している。遠距離の井戸元から需要地のガスグリッドまで繋ぐような井戸元接続ラインに近い性格を持つパイプラインが、距離制を取っているのではないかと推察される。

　なお、いずれのケースでも、もちろん送ガス量に送ガス料金が、比例することは、言うまでもない。

　他のパイプライン事業者は、これらを組み合わせた、料金システムを採用している。例えば、「北部天然ガス」は、井戸元からの上流の

受け入れにはゾーン価格制を用い、需要地に近いところでは、郵便型定額方式を用いるという組み合わせ型の料金となっている。これは、欧州の送電料金システムと似ている。例えば、ドイツ国内では、郵便型定額方式で距離に依らない定額の送電グリッドタリフであるが、国を跨ると国毎のゾーン価格差が送電料金に反映されることになり、地域は定額、広域はゾーンという組み合わせとなっている。米国の場合は国土が広大なので、同一国内でゾーン価格と郵便型定額方式が組み合わされることになるのであろう。特に、ガスの場合は、ガスの注入できる産地が偏り、広域の輸送が不可欠であるので、このような組み合わせのニーズが高いことが推察される。

1.3.7 スケジューリング

パイプラインの利用が、市場取引の結果に応じて決まるのは、電力取引と同様である。むしろ、米国においては電力に先駆けて行われたガスシステム改革で確立された、市場運営や送ガスキャパシティの配分と類似の方法が電力にも適用されたという歴史を持つ。ガス市場は、前日市場と当日市場があり、まず前日市場で需要予測に基づきガスの供給側と需要側のマッチングを行い、送ガス制約との調整を行った上で、翌日一日分の需給計画（スケジュール）の約定を行う。当日市場では、当日の実需要等に応じて前日市場の結果のスケジュールに修正を加えることになる。

典型的なパイプライン・スケジュールの例として**図1－23**に示すBentek Energy LLC の場合は、前日の11：30に市場は一旦締め切られ、前日の18：00に二回目の前日市場の締切があり、これらの結果は翌日の9：00から反映される。当日市場は、当日の10：00締切分は、当日の17：00に反映され、当日の17：00締切分は当日の21：00に反映される。

このように、パイプライン運営においては、シッパーは送ガス事業者の定めたスケジュールに厳格に対応する必要がある。一般的に、シッ

パーは前日市場でガスをノミネートし、天然ガスの潮流を見ながら当日市場でノミネートの修正を行っている。

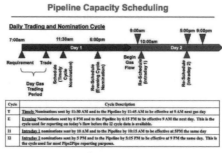

出所：FERCハンドブック

図1-23　日々の市場運営

1.3.8　パイプラインの利用率、負荷率

　パイプラインの負荷係数は、パイプラインネットワークの使用状況を示す指標である。これは、特定のポイントまたはセグメントで、利用可能な最大容量との比率で示した平均の実使用容量の数値である。負荷率が100％の顧客は、毎日最大許容容量を使用していることになる。負荷率が50％の顧客は、許容量の半分しか使っていないことになる。パイプライン許容容量の使用方法はパイプライン顧客により異なる。歴史的に、産業用ガスの顧客は、高い負荷係数を示し、主に家の暖房という季節需要に依存する住宅系顧客は、より低い負荷係数となる。各顧客の様々なケースに応じてどれくらいの容量を必要とするかということに関しては、パイプライン事業者はノウハウを持っている。例えば、ケーン川ガストランスミッションは、2005年以来容量の約93％で運営されており、一方、Algonquinガストランスミッションの負荷係数はかなり小さい。アルゴンキンのパイプラインは、米国北東部の季節的な需要を反映して、ケーン川のパイプラインよりも季節的変動が大きくなっている。

1.3.9 Park and Loan サービス

Park and Loan（パークアンドローン）サービス（PAL）は、シッパーがガスの供給量と需要のバランスをとるための短期間の負荷バランシングサービスとして提供されている。

需要が予想よりも低いときに、シッパーは、PAL サービスを使用することで、余剰のガスをパイプラインの中に留め（貯蔵）、予定よりも少ないガスのみを使用することができる。需要が予想よりも高い場合には、シッパーはパイプラインからガスを借り入れ、予定以上のガスを取り出すことができる。これは、電力と異なり、パイプライン自体がラインパックとしてある程度の貯蔵能力を持つために、このような柔軟なサービスが可能となる。

PAL の特徴は次のとおり。

- Park and Loan サービスは、一般に低料金で、パイプラインサービスの中で最も低い優先順位のサービスとして提供される。
- 料金は、サービスが提供されている場合のプラント費用など、サービスの提供に関連するコストに基づく。
- マーケットセンターやハブは、日常的にこれらのサービスを提供している。
- 料金は通常、中断可能なサービス料金と同程度の水準となっている。
- パイプライン事業者は、Park and Loan から最小限の収入しか得られない。

1.3.10 パイプラインの混雑とキャパシティの増加

パイプライン容量により、特定の地域に供給できるガスの量が制限されるため、パイプライン容量は地域価格決定の重要な要素となっている。

近年、米国の天然ガスパイプラインネットワークは大幅に拡大し、

ボトルネックは解消され、これまでガスに手が届かなかった地域でのガスへのアクセスも可能としている。米国においては、近年、かなりの量の新しいパイプラインの容量が米国北東部において増設されている。米国北東部のガス生産量がシェールガス等採掘により 2008 年と 2009 年に急増したため、同地域の年間送ガスパイプライン容量は、生産量の増加とともに 2009 年には 2.6 Bcfd に増加した。2010 年と 2011 年には、容量追加は一時落ち着いたが、再び 2012 年に 2.9 Bcfd、2013 年に 2.6 Bcfd と大きく伸びている。この新規追加能力の大部分は、シェールガス田へのアクセスの向上を目的としている。パイプラインプロジェクトは、通常、多大なコストを伴い、多年にわたる運用で投資回収する必要があるため、パイプラインの設置には慎重な計画が求められる。しかし、需要と供給のパターンの予期せぬ変化により、最善の計画を立てたプロジェクトさえも予期しない影響を受ける可能性が常に存在する。一つの例は、1.8 Bcfd のロッキーズエクスプレスパイプライン（REX）が 2009 年に完成したときである。REX パイプラインの設置以前は、ガス産地のワイオミング州から需要地のオハイオ州東部へのガスパイプラインのボトルネックのために、ロッキー山脈でのガス生産量が制限され、生産地側のガス価格を下げていた。これは、パイプラインのボトルネックのために、産地のロッキー側と需要地のオハイオ側でガス市場が分断され、異なる市場価格が形成されていたことによる。産地の側では需要より供給が多いために価格が下がり、需要地の側では供給がひっ迫するために価格が上がるわけである。REX パイプラインの設置は、このボトルネックを解消し、天然ガスをワイオミング州からオハイオ州東部に移動させ、東部のガス需要に応えるように設計されたものである。REX パイプラインが最初にサービスを開始したとき、ロッキーの生産者は価格の上昇を見た。東向きに流れる安いロッキーのガスはテキサスのペルミアンガス田からのガスを駆逐して置き換わった。一方でテキサスのペルミアンガス田のガスは、今度は南カリフォルニア市場に流れ始めることになる。その結

果、地域の価格差は全体として緩和された。ところが、米国北東部の
Marcellus Shale の生産量が急増するにつれて、ロッキーからのガス
供給は需要地の米国北東部から押し出され、REX パイプライン上の
ガスフローは急激に減少し、REX パイプラインは財務上のリスクに
さらされることになる。2014 年に、REX パイプラインは天然ガスを
今度は逆に東から西に移動させるためにパイプラインの一部で流れを
逆転させるプロセスを開始した。これにより、より多くのロッキー天
然ガスが米国西部の市場で利用可能となり、また、より多くの大陸中
央部のガス生産がメキシコ湾岸および南東の州で利用可能となること
となった。

　米国における他のプロジェクトは設計どおりに稼働している。 州
間ネットワークへのテキサスの Barnett Shale ガスの流入を増加させ
る新しいパイプラインにより、テキサス州とルイジアナ州の国境の間
の混雑が減少した。2011 年のフロリダの送ガスパイプの拡大により、
フロリダ半島のガス輸送能力は約 800 MMcfd、33％増加した。 2011
年に操業を開始した直径 42 インチ、680 マイルのルビーパイプライ
ンは、現在、ワイオミング州オパールからオレゴン州マリンにロッキー
のガスを流している。

　このような米国の動きを見ると、我が国のガス市場が如何に保守的
であるかということが、垣間見られる。我が国で大きな変化が無かっ
たこの 20 ～ 30 年の間に米国のガス市場は毎年着実に変化・発展して
きたわけである。

▌1.4　天然ガス貯蔵

　米国では、シェールガス生産量の増加により、天然ガス生産量は
2005 年から 2014 年にかけて着実に増加したが、日々の生産量は年間
を通して比較的安定している。しかしながら、需要は季節によって大
きく異なる。天然ガス貯蔵は、生産者および購入者が比較的低需要－

低価格－の期間にガスを貯蔵し、比較的高需要および高価格の期間に
ガスを引き出し、ガスの調達コストを全体として下げることを可能に
している。EIA によると機能しているガス貯蔵容量は、2014 年には
4,100 Bcf を超えた。ガス貯蔵への注入量、引出量は、需要と生産の
差となる。ガス貯蔵により、送ガスパイプラインと供給システム全体
の柔軟性が増加し、また、ガス貯蔵が低需要の期間の過剰なガスの捌
け口となることによって価格の適正化にも寄与する。ガス貯蔵施設は、
また、高需要期にガスの入手を容易にすることにも寄与する。

　先に説明したように、通常より高い圧力でパイプラインのセグメン
ト内に多量のガスを保持するラインパックとして、天然ガスをパイプ
ライン内に貯蔵することもできる。EIA の週 1 回の保管レポートには、
天然ガスの需給バランスの概要が示されており、木曜日の 10：30 に
公開される。天然ガス先物価格は、レポートが発表されてから数秒以
内に劇的に変わることがあるといわれており、報告された貯蔵、引出
が市場の予想と著しく異なる場合、天然ガス先物の価格は上昇または
下降する可能性がある。

1.4.1　天然ガス貯蔵施設

　米国の大部分のガス貯蔵施設は地下に設置されている地下貯蔵施設
である。

　運用コストと運用特性に応じて、各タイプのガス貯蔵施設の使用方
法は変わる。

　・「Deliverability rate」は、在庫を引き出すことができる率である。
天然ガスをより早く貯蔵から引き出すことができれば、貯蔵施設はよ
り急速に変化する需要に応えることができる。

　・「サイクリング機能」は、迅速な注入と引出を可能とする機能の
ことで、需要と供給のバランスをとるのに役立つ。塩洞窟を用いたガ
ス貯蔵施設は一般に高い注入・引出率となるため、毎年 10 回以上も
の注入・引出サイクルを行うことができる。LNG ストレージも同様

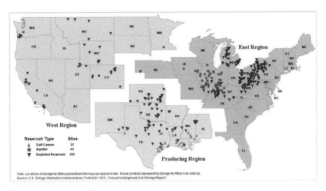

出所：FERCハンドブック

図1-24　米国のガス地下貯蔵施設

である。

　地下貯蔵施設内の天然ガスは、一般的に作動ガスとベースガスの二つのカテゴリーに分類される。「ベースガス」は、廃止ガス田を利用したガス貯蔵施設の場合には元から存在する天然ガスを含む天然ガスの量で、貯蔵施設内の適切な圧力を維持し、ガス引出の際に適切な引出率を維持するために、ガス貯蔵施設内に常に必要となるガスである。「作動ガス」は、ベースガスとして設計されたガスレベルの上に追加でガス貯蔵施設内に注入されるガスであり、ガス貯蔵施設の通常運転中に引き出すことができるガスである。

　米国のガス貯蔵施設のほとんどは、枯渇した旧油田およびガス田に設置されている。これらの施設では、ガス等がまだ生産されていた時にガス生産をサポートするために設置されていた種々のインフラ（井戸、収集システム、パイプライン接続）を再利用することができる点では有利である。しかし、枯渇ガス田等に設置されたガス貯蔵施設の場合は、全容量の約50％が施設の運転圧力を維持するために使用されるベースガスのために使用され、ガスの引出速度も遅いので、ガス在庫は通常1年に1〜2回、回転する程度となる。

　他に、帯水層をガス貯蔵施設に変換したものも存在する。このタイプは米国中西部に立地しているものが多い。帯水層は一般に不透水性

のキャップロックで上部を覆われた含水堆積岩から成り立っている。帯水層は、枯渇したガス田ほどのガス保持能力を持たないため、最も高価なタイプの天然ガス貯蔵施設と言えよう。帯水層型のガス貯蔵施設では、ベースガスが全ガス量の50％をはるかに超える可能性がある。このため、このタイプのガス貯蔵施設ではガスの注入・引出のパターンに対してより慎重になり、ガス在庫の回転は通常1年に1回だけとなる。

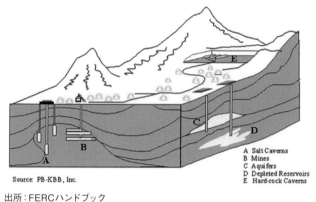

Source: PB-KBB, Inc.

A Salt Caverns
B Mines
C Aquifers
D Depleted Reservoirs
E Hard-rock Caverns

出所：FERCハンドブック

図1-25　各種の地下ガス貯蔵施設

　塩洞窟は主にメキシコ湾岸地域に形成されている。これらの気密・水密性の高い洞窟は、塩溶出採掘によって塩を除去することによって、ガス加圧容器として機能する洞窟となる。塩洞窟型のガス貯蔵施設では、ベースガスはほとんど必要とされないため、年間何十回転ものガスの出し入れが可能で、高い注入・回収率を実現している。このような柔軟性を持つために、塩洞窟型のガス貯蔵施設は、新規開発が盛んに行われ、2008年まで塩洞窟型のガス貯蔵施設の貯留量は成長を続けた。ただし、塩洞窟型のガス貯蔵施設は通常、枯渇ガス田や帯水層の貯蔵施設よりも容量は小さくなる。

　天然ガスはLNGとして地上のタンクに貯蔵することもできる。陸上のLNG受入基地のすべてにLNG貯蔵タンクがあり、米国にも約

100 の独立型 LNG 貯蔵施設がある。タイミングと経済性によっては、LNG 船も貯蔵庫として機能することもある。LNG 貯蔵は非常に柔軟で、高い注入・回収率で年間複数回の在庫回転を可能とする。ただし、LNG の場合は、一般に容量も小さく、低温維持のために常にボイルオフガスの気化が必要で、数カ月の長期貯蔵には適さず、短期の貯蔵に限定される。

1.4.2　米国の地域貯蔵の容量

米国内のガス地下貯蔵容量の 2,200 Bcf の半分以上が、人口密集地の近くの東部に位置している。東部のガス地下貯蔵施設の多くは帯水層型と枯渇ガス田型である。ガス産地にはほぼ 1,500Bcf のガス地下貯蔵施設があり、枯渇したガス田だけでなく、より柔軟性の高い塩洞窟貯蔵施設もある。残りの 600 Bcf は米国西部にあり、主に枯渇ガス田型のものである。全米の合計作動ガス貯蔵容量は約 4,300 Bcf である。前の冬の終わりの残存の貯蔵レベル、および注入期間中の気温にもよるが、米国で正式な冬のシーズンが 11 月 1 日に始まるときには、米国のガス地下貯蔵施設において、作動ガスは通常 80 ～ 90％のレベルまで充填されることになる。

1.4.3　ガス貯蔵サービス

EIA によると、米国の州間および州内の送ガスパイプライン会社、配ガス会社、独立系ストレージサービスプロバイダを含む約 120 の事業体が、米国本土で活動している約 400 の地下ストレージ施設を運営している。州間送ガスパイプライン会社および他の多くの会社によって運営されている施設はオープンアクセス方式で運営されており、作動ガス容量の大部分は差別なく利用可能である。

大量の天然ガス貯蔵能力により信頼性は向上し、通常は天然ガスの価格変動を緩和するのに寄与する。天然ガス貯蔵により冬の間の天然ガス供給量を増大させ、そして夏の注入期間の間の追加のガス需要

素として作用する。米国では、ガスの貯蔵注入時期は通常4月1日に始まり、ガスによる熱需要が最も低い期間の10月31日まで続けられる。ガス貯蔵施設からの引出は通常11月に始まり、冬の熱需要の高い期間の間継続する。

ガス貯蔵施設により、よりコストの高い季節に使用するためのガスを年間の安い価値期間中に購入することができるという機能も提供される。地元の配ガス会社や送ガスパイプラインはガス貯蔵施設にガスを貯蔵することにより、ピークシーズンの適切な供給を確保し、需給のバランスを取り、ガス調達を多様化することができる。

米国においては、ガス貯蔵施設は、コストベースまたは市場ベースのレートで利用価格が設定されている。作動ガスの回転率の低い、枯渇ガス田型と帯水層型のガス貯蔵施設の価格決定メカニズムは、以下による。

- 物理ストレージに対するFirm契約によるキャパシティチャージ
- 貯蔵施設への輸送コスト
- 貯蔵庫からのガス引出手数料
- ガスを貯蔵庫に注入するための注入料

塩洞窟型のガス貯蔵施設では、注入と引出を頻繁に切り替えることができるため、ユーザーの柔軟性が高まる。塩洞窟型のガス貯蔵容量を利用する事業体は、ガス価格の変動に応じて、塩洞窟型のガス貯槽施設を利用することができ、価格変動のリスクヘッジにも役立てることができる。また、塩洞窟型のガス貯蔵施設は、インバランスとこれによるペナルティの回避にも利用することができる。

送ガスパイプライン事業者も、FERC規則に基づくオープンアクセス送ガスサービスの一環として、Firmおよび中断可能の貯蔵サービスも提供している。料金はサービスコストに基づいている。

ガス貯蔵は、需要の少ない時期に天然ガスを引き取り、需要が増加したときに天然ガスを放出することによって、季節的な価格変動を大きく緩和することができる。さらに、ガス貯槽施設の貯蔵レベルは冬

の需要の高い時期の価格についての市場の予測に影響を与えることがある。米国においては、貯蔵ガスの放出の始まる11月初めの貯蔵ガス量は、ガス業界が冬の天候変化にどの程度対応できるかを判断するための重要なベンチマークとされている。ガス貯蔵量に余裕があるときは、ガス貯蔵量データはガスの先物価格を下げる方向に影響する傾向があり、ガス貯蔵量に余裕がなさそうなときには、ガスの先物価格を上昇させる方向に影響する傾向がある。

1.5 天然ガス市場と市場取引

　米国の天然ガス産業には、数千の生産者、消費者、仲介のマーケッターがおり、競争が激しい。一部の生産者は天然ガスを需要側事業者に販売する能力を有しており、配ガス事業者、大規模な産業バイヤー、発電所に直接販売する可能性がある。他の生産者は、マーケッターにガスを販売しており、マーケッターは、様々なタイプのバイヤーのニーズに合った量の天然ガスを生産者から集めて、バイヤーに送り込む役割を担っている。米国でも、ほとんどの居住用および商業用の顧客が配ガス事業者からガスを購入している点は、我が国と同様である。これとは対照的に、米国では、多くの産業顧客および大部分の発電所は、配ガス事業者のコストを避けるために、配ガス事業者からではなく、マーケッターまたは生産者から天然ガスを購入する傾向にある。この場合のガス輸送は、州間送ガスパイプライン事業者が担うことになる。州間送ガスパイプライン事業者自身は天然ガスを売買せず、輸送および保管サービスのみを提供することに限定されている。前述したように、州間送ガスパイプラインは、FERCによって承認された規制価格でガスの輸送を行っている。

1.5.1 天然ガスマーケッター

　米国でのガス取引のほとんどは、天然ガスマーケッターによる。全

ての天然ガスの販売に従事する当事者は、マーケッターと呼ぶことができる。マーケッターは、通常、物理的および金融的エネルギー市場でのガス取引に専念する特別な事業体である。天然ガスのマーケッターは、市場に関する知識を活かして多様なエネルギー市場で活躍することが一般的である。天然ガスの生産者、送ガスパイプラインマーケティング関連会社、配ガスマーケティング関連会社、独立系マーケッター、金融機関、または大手の天然ガス需要家が、マーケッターになり得る。例えば、生産者の関連会社のマーケッターは、普通、第三者の天然ガスの販売はしておらず、彼らに関連するガスを売ることと、これらの売上の利益率を守ることにもっと関心を持っている。

　一般的に、マーケッターには五つのカテゴリーがあり、全国的に活動する大手マーケッター、生産者マーケッター、小規模地域マーケッター、アグリゲーターとブローカーに分類される。全国的に活動する大手マーケッターは、あらゆる種類のサービスを提供しており、様々な製品を販売している。彼らは全国規模で活動しており、彼らの取引およびマーケッター業務を支援するために多額の資本を持っている。生産者マーケッターは、一般的に自社の天然ガス生産物の販売、またはその関連天然ガス生産会社の生産物に関心を持つ企業である。小規模地域マーケッターは、特定の地域および特定の天然ガス市場をターゲットにしている。配ガス事業者と提携している多くのマーケッターはこのタイプのものであり、彼らの提携販売業者が事業を行っている地域のためのガス取引に焦点を当てている。アグリゲーターは通常、様々なソースから少量を収集し、それらを組み合わせて、大量のボリュームとした上で、個々に販売するよりも有利な価格および条件で取引を行う。ブローカーは天然ガスを自らは所有しないマーケッターのユニークな形態である。ブローカーは単に仲介者として行動し、天然ガスの買い手と売り手を結びつける役割を担う。すべてのマーケッターは、中核的なトレーディング業務に加えて、重要なバックルーム業務を行う必要がある。バックルームのサポートスタッフは、輸送お

よび保管の手配、完成した取引の掲示、請求、会計処理、およびトレーダーが手配する購入および販売を完了するために必要なその他の活動を含む、物的および金融的な天然ガスの販売および購入に関するすべてを調整する。トレーダーやバックルームスタッフに加えて、マーケッターは通常、広範なリスク管理業務を行っている。 リスク管理チームは、トレーダーがマーケッターを過度のリスクにさらさないように管理する責任がある。

1.5.2 マーケットハブ

米国においては、天然ガスの取引は、全米に張り巡らされた送ガスパイプラインに支えられて行われる。この送ガスパイプラインには、全米のガス田、LNG 受入基地、LNG 出荷基地等の生産側の施設、全国のガス貯蔵施設と全国の配ガス事業者、発電所、工場等の大規模需要家といった需要側の施設が接続され、この間の取引が行われることになる。ガスの価格は、産地と需要地の位置関係や送ガスパイプラインのキャパシティにより、全米どこでも同じ競争環境にはならず、例えば、地域によって調達可能なガスポートフォリオは異なるものとなる。このため、地域により異なる市場価格が形成されることになるが、この全米の価格分布の大宗は、送ガスパイプラインの主要な結節点（複数幹線パイプの交差・分岐・接続点、大規模需要との接続点等）におけるガス価格で決まり、この価格に基づき周辺の地域価格が形成されると考えても大きな間違いはないであろう。これは、電力のノーダルプライシングと類似の考え方となる。この送ガスパイプラインの主要な結節点がマーケットハブとなる。

米国の天然ガスは、全米のマーケットハブにより地域毎に値段が付けられ取引される。天然ガスの取引価格は、主要ハブ間で異なり、各ハブにおいて調達できる天然ガスの産地毎の量とハブに集まる天然ガスの需要とのバランスで決定される。米国では、ヘンリーハブの価格を基準として他のハブとヘンリーハブの価格の差を「地域価格差」ま

たは「地域基準」と称している。マーケットハブに加えて、他の主要な価格設定地点としてシティゲートがある。シティゲートは、配ガス会社が送ガスパイプラインからガスを受け取る場所である。大都市に位置するシティゲートは、天然ガスの値段付けのもう一つのポイントとなる。シティゲートのガスの価格は、シティゲートへの供給に関連するハブの価格をベースにして、ガス貯蔵との関係も考慮してガスの潮流計算等により決定されるものと思われる。米国のベンチマーク拠点であることに加えて、ヘンリーハブはNYMEX天然ガス先物契約の払出ポイントでもある。ヘンリーハブでの価格の変動は、米国のガス価格がどのように変動しているかを示す良い指標となっている。地域基準は通常、ヘンリーハブと別のハブの間でのガス輸送に伴う変動も反映することになる。ヘンリーハブと別のハブの間にガスパイプラインの送ガスネックが存在していれば、送ガス潮流計算により、地域基準にはこれが反映されることになる。地域基準は現地の市場状況によっては劇的に変化し、両地点間のパイプラインが混雑していると、大幅に価格差が開くことがある。輸送コストの比率の高い地域基準は、パイプラインの混雑とパイプラインの競争の欠如に起因するということになる。例えば、フロリダのハブのガス価格は、ヘンリーハブの価格にフロリダの地域基準を加えたものとなる。

1.5.3 天然ガスの物理的取引

　天然ガス契約は買い手と売り手の間で交渉される。天然ガス契約には多くの種類があるが、多くの場合、買い手と売り手、価格、販売される天然ガスの量（通常1日当たりの量）、注入と払出の地点の指定、契約の存続期間（通常、指定された日から始まる日数で示される）およびその他の契約条件などが標準的な仕様である。特別な契約条件としては、支払い日、天然ガスの品質、および両当事者によって合意されたその他の付加的な仕様などがあるとされている。

　米国では、天然ガス契約は、電話での買い手と売り手の間の交渉、

電子掲示板や電子商取引の取引サイトで行われ、天然ガス契約には、スイング契約、ベースロード契約、およびFirm契約の主に三つのタイプがある。

・スイング（中断可能）契約は、通常は1日から1カ月の長さの短期契約である。これらの契約は最も柔軟性があり、通常、売り手からのガスの供給、買い手のガスの需要のいずれかが信頼できないときに利用される。

・ベースロード契約は、スウィング契約と似ている。購入者も販売者も、指定された量のガス払出、注入を厳密に行う義務はない。ただし、両当事者はベストエフォートベースで指定された量の払出、注入を行うことには同意する方式である。

・Firm契約は、両当事者が契約で指定された量のガスを払出、注入することが法的に義務付けられているという点で、スウィング、ベースロード契約とは異なる。これらの契約は主に、需要と供給の両方が指定量の天然ガスから変化する可能性が低い場合に使用される。

1.5.4　価格形成

（1）スポット市場

米国の天然ガス市場には、ブローカーや他の人々が毎日天然ガスを売買する競争環境のスポット市場（現金市場）がある。天然ガスの日々のスポット市場は活発で、取引は1日24時間、週7日行われている。次の地図（**図1-26**参照）には、翌日の物理的配達のための天然ガスがIntercontinental Exchange（ICE）で活発に取引されている代表的なポイントが示されている。これらのポイントのいくつかでは、ブローカーが積極的に取引し、価格が形成されるマーケットセンターとなっている。これらのマーケットセンターに加えて、天然ガスは送ガスパイプラインが配ガス事業者と相互接続する個々のパイプラインの結節点など、他の多くの場所で活発に取引が行われている。

結節点で取引が行われるという意味は、先に説明したように、結節

点毎にガスの調達、接続する市場の状況が異なるために、結節点毎に需給のマッチングを行うための取引の場が設定されているということで、ノーダルプライシングの考え方を踏襲しているわけである。送ガスパイプラインの事業者自体が、各結節点における物理的市場の運営者となる。これは、市場取引の結果が、ガスの送ガスキャパシティと矛盾しないことを送ガス事業者が確認する必要があるからである。

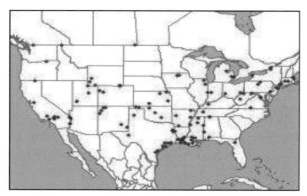

出所：FERCハンドブック
図1−26　Hubs for Physical Trading on ICE

　スポットマーケット取引は通常、電子取引所または電話で行われる。買い手は、翌日の指定された配達ポイントで売り手によって配達されるべき天然ガスに対して交渉された価格で支払うことに同意する。天然ガススポット価格は日々の需給バランスを反映しており、変動する可能性がある。

　米国には、ビッドウィーク（Bidweek）という言葉があり、これは、月の最後の5営業日に付けられた名前である。これはこの週の間に、生産者が翌月の基本的な生産を販売し、需要側が翌月の基本的なニーズに合う天然ガスを購入することによる。

　米国においては、Platts Gas Daily、Natural Gas Intelligence、Natural Gas Week などのいくつかの出版業者が、毎日の取引価格について市場調査を行い、前日の夜または翌営業日の朝には利用可能に

なるように日次価格インデックスを作成、発行している。また、多く
の市場参加者は、ビッドウィークで決まった価格を出版社に報告し、
出版社はこれらの価格データを編集し、ビッドウィークの最終日の翌
営業日には入手可能となるように月次の地域価格指数として整理す
る。これらの日次および月次の指数は、今度は、固定価格契約を結ぶ
ことを選択しない（州または地方の規制当局によりそれらの使用が禁
止されていることもある）企業の価格設定の基礎として使用される。

（2）金融市場

　物理的な天然ガスの取引に加えて、米国には天然ガスのデリバティ
ブ商品、金融商品のための市場がある。金融市場では、市場参加者は、
天然ガスの物理的な払出、注入ではなく、天然ガスの価格の変動から
利益を守ることに関心がある。これらの金融商品の価格設定と決済は、
物理的な天然ガスに関連して行われる。例えば、市場の価格変動にか
かわらず将来のある時点で一定の金額で取引の決済を行いたい事業者
は、このような目的に合ったデリバティブを購入して、価格変動のリ
スクヘッジをするわけである。このような金融市場で発生する取引の
規模は、物理的な天然ガス取引の価値より少なくとも10倍大きいと
推定されている。デリバティブは、基礎となるファンダメンタル、こ
の場合は天然ガスの価格からその価値を引き出す金融商品ということ
になる。デリバティブには、非常に単純なものから非常に複雑なもの
まで様々なものが存在する。なお、詳細は第4章4.3.4項に記述して
いる。

第2章

英国のナショナル
バランシングポイント

米国においては、送ガスパイプラインで結合された全国ガス市場が
機能し、パイプラインの結節点でガスの卸売市場が形成されたが、欧
州においてもハブによる価格形成に向けた動きが進んでいる。欧州に
おいては、1996年の英国のNBP（National Balancing Point）、2000
年のベルギーのZEE（Zeebrugge）を始めとして、2009年頃にかけ
て相次いでドイツのHubCo、EGT、NCG、オランダのTTF、イタ
リアのPSV、フランスのPEGs、オーストリアのCEGH、が設けられ、
ガスハブによる価格形成が行われるようになってきている。

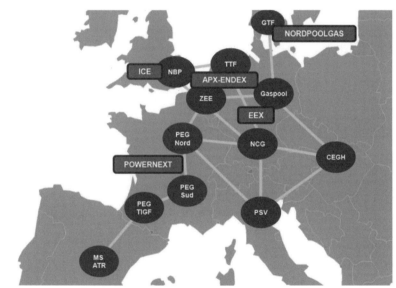

出所：Patrick Heather「Continental European Gas Hubs」（2012）
図2-1　欧州のガスハブ

　欧州のハブの中では、**表2-1**に示すように、初期に設立された英
国のNBPとオランダのTTFにおいて活発な取引がなされている。

表2−1　欧州のガスハブの取引

Hub	Year established	Active market participants	Day-ahead trades per month	2011 (Bcf/d)	2015 (Bcf/d)	2016 (Bcf/d)	Churn rate circa 2015
Austria CEGH	2005	10	798	−	2.8	1.7	3.53
Belgium ZEE	2000	15	1,696	−	7.2	2.9	5.15
French Hubs	−	15	3,999	3.6	3.9	2.2	1.1
France PEG Nord	2004	10	3,217	NA	NA	NA	−
France TRS	2015	5	782	NA	NA	NA	−
German Hubs	−	25	7,184	10.1	22.2	10.8	3.22
Germany NCG	2008	−	4,913	7.3	14.5	7	−
Germany	2009	−	2,271	2.8	7.7	3.8	−
GasPool							
Italy PSV	2003	12	NA	−	6.5	3.8	1.18
Netherlands TTF	2003	30	7,659	56.6	114.9	60.9	37.05
U.K. NBP	1996	40	7,390	123.6	77	37.6	11.85

Source：London Energy Brokers Association, Oxford Institute for Energy Studies.
Notes：NA stands for not available.Million MWh converted to Bcf at 3.31 Bcf/million MWh.2016 date are averages through May.
出所：EIA 資料

　これらのハブは、まだ、成熟段階の様々なレベルに位置しているが、最も早く設立され、トレーディング・ハブとして機能している NBP について以下に解説する。

▌2.1　NBP

　米国のガスシステムで見られるように、前日市場による広域のガス取引等を成立させるためには、ガス注入点からガス払出点までの物理的なガス移動を考えるのではなく、銀行の送金と同じように現金を実際に輸送するのではなく入口と出口だけを考えて全体として収支が取れるように、中のガスは、適宜融通するという考え方に転換する必要がある。このような取引システムを実現するために、ガス TSO（送ガス管理者）は、送ガスグリッド全体の圧力分布を常に適切に保つようにガスの出入りのバランシングを行い、送ガスグリッド全体が一つのパワープールとして機能するような運営を行う必要がある。このバランシングには、市場参加者にも義務が課され、インバランスにはペナルティが課される。英国においても 1997 年に導入された、ネット

ワークコードにより、市場参加者に一日単位でのバランシングの義務を課した。このようにして、毎日、バランシングが行われるようになると、entry-exit model や郵便切手方式の料金システムが機能するようになる。

　このような送ガス管理の前提の下に NBP は成立している。NBP は英国の送ガスグリッド全体を一つのガス・プールと見なして全ての取引を一日単位でバランシングしながら実施するために、英国のガスグリット全体を一つの仮想的なハブとしたものである。米国のハブは物理的・地理的なパイプライン結節点に位置しているのに対して、英国の NBP は英国の送ガスネット全体を一つの仮想的なハブと見なし物理的・地理的に特定の地点が定められているわけではないという点が異なる。

Appendix A. Map of the National Transmission System

出所：Patrick Heather「the Evolution and Functioning of the Traded Gas Market in Britain」(2010)

図2−2　英国の送ガスシステム

図2－2に示すように英国の送ガスパイプライングリッドには、外部から接続されるパイプライン、英国の北海ガス田からの接続パイプライン、LNG受け入れ基地等のビーチターミナル、200近くのガスの払い出し地点があり、これらの取引地点の物理的な場所を考慮せずに単一市場として取引をできるようにすることで、ガス市場が機能するようにし、活性化を図ったわけである。

　英国のガス市場においても、米国と同様に毎日のバランシングを取るために、前日市場、当日市場が形成されている。送ガス事業者が、市場取引が送ガスグリットに納まるかどうかの確認をしたうえで、毎日の取引は約定され、約定したガス量が守られない場合には、インバランス・ペナルティが課される。送ガス事業者は、ラインパック、貯蔵、自らのガス調達、ガスの移動等で、送ガスグリッド内の圧力分布を適切な状態に常に維持する。

第3章

アジアの
LNGハブの可能性

米国 EIA（エネルギー情報局）の「Perspectives on the Development of LNG Market Hubs in Asia Pacific Region」によると、**図 3−1** に示すように 10 段階のガスハブの発達の段階が示されている。第一段階は、輸送と小売が切り離されていることとなっている。欧米の場合は、受け入れ基地に陸揚げされた LNG は、気化されて送ガスパイプラインに送られ、気化された後の段階でハブに投入され、送ガスパイプライン上にガス市場、ハブが形成される。我が国の場合は、送ガスパイプラインやこれを運営するガス TSO（送ガス管理者）が存在しないため、ガスシステム改革により 2022 年にパイプライン事業と小売が分離されても、配ガス会社と小売会社が分離するだけで、このままでは卸売市場が成立しない。

　しかし、LNG の海上輸送も含めて送ガスと考えれば、ターミナルとしての LNG 基地がガス小売と切り離され独立中立的に運営されれば、その基地に関しては、第一段階の条件は満たしていると考えても良さそうである。これは、同時に第二段階についても成立する。次の段階は、多数のガス取引の中継点となり得るかということであるが、我が国の国内市場よりもむしろ東アジアのグローバルガス市場全体に目を転じると、多数の市場参加者が存在しそうである。特に、従来の長期契約で有利な取引をするために大手企業に集約され、市場化とは反対方向に進んできた東アジアの諸国には、機会があれば自らスポット市場に参加し、ガスを調達したいと考えている中企業は多数存在するものと考えられる。この場合、出荷・受入の両機能を備えた相当規模の LNG 基地を物理的なハブとして、資源供給サイドの LNG シッパーと需要サイドの LNG シッパーとの取引の拠点を構築することは、意味があるものと考えられる。つまり、国際的な仮想的な広がりを持つハブとしてのニーズは、現実的にあるのではないかと推察され、欧州の多国間取引に係るハブと類似の性格を持つことになる。

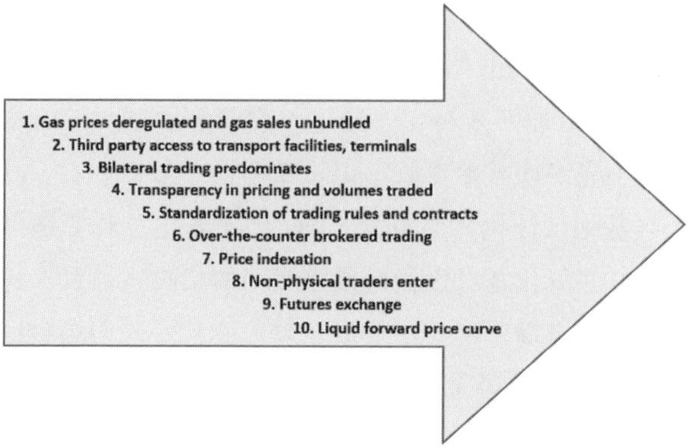

1. Gas prices deregulated and gas sales unbundled
2. Third party access to transport facilities, terminals
3. Bilateral trading predominates
4. Transparency in pricing and volumes traded
5. Standardization of trading rules and contracts
6. Over-the-counter brokered trading
7. Price indexation
8. Non-physical traders enter
9. Futures exchange
10. Liquid forward price curve

Stages		Explanation
1	Gas prices deregulated and gas sales unbundled from gas transmission	Governments deregulate the price of natural gas and regulators reform the market to separate the commodity sales function from transportation and other logistics services. Number of buyers and sellers increases.
2	*Third party access* to transport facilities, terminals	Regulators mandate that all potential infrastructure users have access on non-discriminatory commercial terms, known as third-party access (TPA). This opens the hub network to the new buyers and sellers.
3	*Bilateral trading* predominates	Multiple parties begin to contract with each other on their own terms and over the TPA facilities. Producers can trade directly with distributors and large end users. The number of parties and transactions expands.
4	Transparency in pricing and volumes traded	*Price reporting entities (PRE)* begin publishing pricing information where prices and volumes are reported and published daily, weekly, or monthly, under rules to ensure accuracy. Reliable price information supports bilateral trading and reduces transaction costs.
5	Standardization of trading rules and contracts	Instituted by regulators or an industry organization, such as the North American Energy Standards Board (NAESB), ensures common use of terms and standardized trading and transfer practices. This facilitates trading by reducing transaction costs and making trading more efficient.
6	*Over-the-counter (OTC)* brokered trading	In addition to producers, distributors, and end users, traders such as merchants, financial institutions, and brokers enter the market to trade gas and provide additional market liquidity.
7	Price indexation	Liquidity at the hub increases to the point that PRE-reported prices at the hub become a reliable indicator of market balance. The reported prices become a reliable index that parties will cite for future pricing in long-term contracts.
8	Non-physical traders enter	Non-physical traders offering pure financial hedging instruments based on the hub index enter the market to take price risk and offer customized OTC hedging services linked to the index.
9	Futures exchange	A *commodity exchange* such as the New York Mercantile Exchange (NYMEX) creates a standardized tradeable futures contract and offers a trading platform under exchange rules.
10	Liquid forward price curve	Parties trade large numbers of futures contracts for deliveries many months out, providing future price discovery and a means of managing price risk on future commitments.

Source: Adapted from Patrick Heather, *The Evolution of European Traded Gas Hubs*, Oxford Institute for Energy Studies

出所：EIA

図3−1　Stages of gas market hub development

第4段階〜第7段階は、仕組みづくりの問題なので、第1段階〜第3段階の条件、特に第3段階の条件が成立すれば、第4段階〜第7段階の条件を満たすようにハブ機能を設計・充実させていけば良いものと考えられる。

　第8段階〜第10段階は、第1段階〜第7段階を満たした物理的取引のためのハブ機能が成立したときに、物理的市場取引の価格変動に伴うリスクヘッジの機能として自ずから発達してくる金融的なハブ機能である。これらは、物理的取引機能の成立の後の段階で考えるべきことであろう。

　我が国は、先進国の中で唯一 TSO ガスパイプラインが全くない国である。したがって、欧米のように TSO ガスパイプラインの機能を活用した国内向けのガスハブは直ぐには作ることができないが、出荷・受入の双方向の機能を持つ LNG ハブの中立的運営による国際ハブは、我が国にも立地できる可能性がありそうである。このような国際ハブが国内にできれば、そこに設置されるスポット市場の価格は、自ずから国内市場にも影響を与え、また、国内の中小都市ガス業者等が直接、スポット市場からガスを調達する道も開けそうである。

　しかしながら、このような国際ハブは、グローバルなハブの立地競争にもさらされることになる。上海、香港、シンガポールといったところが、この世界でも競合相手になることになるが、欧米の例を見ても分かる通り、ハブはガス流通圏の中に一つだけ存在するわけではなく、地域の広がりに応じて複数の地点が輸送・消費の結節点としてハブ機能を持ちうることになる。東アジアにおいては、海を間に挟んで複数の輸送・消費の結節点が LNG ハブとして機能するような姿が想定されそうである。

　LNG ハブと欧米のパイプライン型のハブとの相違がどのようになるかは、まだ、不明な点が多いが、欧米のガスパイプラインハブがバランシングの機能のために一日単位で需給マッチングを取るのに対して、LNG ハブの場合は、仮想流通圏の中のバランシングは一日単位

で良いのか、一週間単位程度にするべきかといった点については、今後の検討の余地がありそうである。

第4章

米国ガス自由化の
申し子エンロン

4.1 米国ガス事業の自由化

4.1.1 自由化前のガス事情

米国の電力およびガス事業は、FPC（Federal Power Commission；連邦動力委員会）という規制機関の下で行われてきた。これは現在のFERC（Federal Energy Regulatory Commission；米国連邦エネルギー規制委員会）の前身である。FPCは、水力発電事業の規制・調整機関として1920年に設立された。1935年および1938年にそれぞれ The Federal Power Act of 1935 および Natural Gas Act of 1938 が制定され、電力事業およびガス事業の規制機関としての権限が強化された。

米国のガス事業は、このFPCの監督下で価格の統制が行われてきた。当初、ガスの生産者は、パイプライン事業者に決められた価格でガスを売り、パイプライン事業者は、ガス消費者或いは購入者に決められた価格でガスを売るというものであった。パイプライン事業者にとっては、決められた価格での売買の差額が利益ということになり、ビジネスとしては魅力のない事業であった。契約はすべて相対取引で、当然マーケットは存在しなかった。

また、ガス事業はガス生産者にとっても投資意欲が湧かない産業であり、1970年代を通してガスの生産が滞った。しかしガスに対する状況は変化しつつあった。1973年のOPECによる石油製品禁輸措置により代替エネルギーとしてのガス供給に関心が向けられた。また、1970年代中盤は折しも厳冬が北米を襲い、ガス需要が高まった。さらにこの間、ガスの使用には大きな変化が起こり、大型ガスタービンの性能の向上の結果、電力向けガス需要が急増していった。このような状況に対して需要を満たすような対応ができなかった。

このような事態を受け、米国議会では規制緩和が議論され、1977

年にFPCはFERCとして再編され、米国の天然ガス事業、水力発電事業、石油パイプライン事業、そして電力の卸価格等の規制を行う組織から、規制緩和を主導する機関へと大きな変換を遂げた。

4.1.2 第一の自由化政策

1978年にNatural Gas Policy Act of 1978が公布された。これにより、新規ガス田の井戸元価格の統制は行われないことになった。一方、既存のガス田の規制は残り、すべての井戸元価格の自由化は1989年まで待たなければならなかった。

しかし、その効果はてき面であった。パイプライン事業者は、ガス供給の安定のためにガス生産者と長期のTake or Payと呼ばれる契約を締結することができるようになった。Take or Payとは、ガス購入者（パイプライン事業者）は数量の買い取り義務を負い、ガス生産者は決められた販売価格でガスを供給する義務を負うものであった。従って、ガス購入者はガスが必要であろうとなかろうと決まった数量に対する対価を支払わなければならなかった。実際の契約に当たっては、供給ガスの7割は、買い取り義務を伴うTake or Pay契約で、残りはオプション契約を取り入れ、需要変動のリスクを回避する方式が取り入れられた。

パイプライン事業者はこのような契約により供給ガスを確保した。一方、ガスの生産者は、これにより安定した収入を享受することができ投資にも意欲的となった。その結果、ガスの生産量が大幅に増加した。さらに、パイプライン事業者にとっては、買ったガスの売り先の選択ができるようになった。

しかし、1980年代前半には、一転してガス供給過剰に陥り、ガス価格は半減した（6ドルから3ドル／MMBtu）。このため、ガスパイプライン事業者には、長期のTake or Pay契約により高額で購入したガスによる財務的負担が重くのしかかるようになった。このような状況を緩和するため、パイプライン事業者大手のTranscoを中心

に余剰ガスを処分するスポットマーケットが創設された。これは毎月一定期間だけ開かれる言わばフリーマーケットのようなものであった。

4.1.3 第二の自由化政策とその後の制度設計

1985 年に、FERC Order 436 により、第二段階の規制緩和が行われた。これは、パイプライン事業者に対して第三者アクセスの許容を促すものであった。この結果、ガスの需要者は直接生産者からガスを買うことができるようになった。その際に、ガスの需要者はパイプライン事業者に対し、輸送料（tariff）のみを支払うことになった。これは、パイプライン事業者の事業形態に大きな影響を与え、結果として、パイプライン事業者は、ガス輸送事業とガスのトレーディング事業に分離されていった。このような時代の変化を積極的に利用したのが Enron（エンロン）であった。エンロンのガス市場創設に関する貢献に関しては後述する。

1989 年に Natural Gas Wellhead Decontrol Act が公布され、すべてのガス田の井戸元価格が自由化された。

1992 年には、FERC Order 636 により、すべての州を跨ぐパイプライン会社のガス販売とパイプライン事業が分離され、消費者にも供給者の選択が与えられることになった。そして開かれた市場での売買が開始された。

2000 年には、FERC Order 637 により、ガスバランスの調整を行うサービスや季節変化による価格設定の自由が認められ、売買のリスクが緩和できるものとなった。また違反者に対する罰則も厳しいものとなった。

2006 年には、FERC Order 678 により、新規ガス貯蔵の充実が図られるようになった。また、市場原理の働かない地域でもその恩恵にあずかることができるよう市場価格を基本とした価格が適用されるようになった。同年制定された FERC Order 670 においては、エネルギー

市場における恣意的な価格操作は禁止された。

2007 年の FERC Order 702 では、重要なエネルギーインフラに関する情報の公開が義務付けられた。FERC Order 712 では効率的で健全な市場運営のために Capacity 提供（Gas Parking）の市場が整備された。今後の課題はガスと電力市場の一体化であり、そのような方向で整備が進められている。

4.1.4　スポットマーケットの創設

1980 年代前半にはガス供給が増加し供給過剰となる事態に陥った。このため、ガスパイプライン事業者にとっては、長期の Take or Pay 契約で購入したガスの余剰分をスポット的に売却する仕組みが必要となった。パイプライン事業者で最大手の Transco は、ガス生産者と大手購入者間で余剰ガスをスポット売買できる機会を毎月期間限定で行うことができるよう FERC と協議を行い認可された。これはビッドウィーク（Bid Week）と呼ばれ、フリーマーケットのようなものであった。

これがさらに発展し、1984 年後半には、パイプライン事業者の大手となった Houston Natural Gas（のちのエンロン）を中心に Transco とその他ガスパイプライン事業者 4 社に投資銀行のモルガンスタンレー、さらにいくつかの法律事務所を加えて共同で Natural Gas Clearing House（スポットマーケット運営会社）を設立し、ガスのアウトレットとしてスポットでの売買を開始した。このとき、運営については、モルガンスタンレーが主導的な役割を担ったが、これが投資銀行によるガスエネルギー産業への参入の第一歩となった。

1985 年の第二段階の規制緩和を受け、パイプライン事業者はガス輸送事業とトレーディングを分離していった。1989 年にはテキサスから南カリフォルニアに至るエンロンの Transwestern Pipeline は、ガスの販売をやめ、輸送に特化したパイプラインの第一号となった。この際のパイプラインの使用料或いは輸送料（tariff）は、FERC の管

理下にあったが、トレーディングについては FERC の管理下外に置かれた。エンロンのトレーディング部門は、穀物や原料が自由に売買されるのと同様にガスの売買ができる環境を得ることになった。1990年には 75％のガスがスポットで売買されるようになった。

4.1.5　先物市場の設立

　ガスのスポットでの売買が活発になってきたことを受けて、ニューヨーク・マーカンタイル取引所（NYMEX）は、1990 年 4 月にガスの先物市場を開設した。先物とは将来の決められた日に決められた価格で取引をするもので、すでに穀物や金および原油市場で用いられていたものであった。この先物市場設立により、1 カ月先から 12 カ月先までのガスの先物取引が可能になった。後に 18 カ月先まで延長された。

　NYMEX は、価格のベンチマークおよび現物受け渡し場所としてルイジアナ州の Henry Hub（ヘンリーハブ）を選んだが、これはヘンリーハブにはガスの前処理施設があり、ガス品質の均一化（或いは商品化）を行うことができること、12 のパイプラインの集結点であること等の条件が整っていたからであった。

　NYMEX はチーズとバターの取引所として 1872 年に設立された。しかし 1970 年代までにその元々の役割はほとんど終了していた。しかし、1970 年代後半に重油など燃料油の先物市場を開設し、さらに 1983 年に原油（WTI）の先物市場を開設してからは大躍進を遂げた。原油の先物は世界の石油価格のベンチマークとなった。

　石油の世界は、1972 年のオイルショック以前は、メジャー石油による垂直統合が高度に発達し原油を含め石油製品の流動性はほとんど無かった。オイルショックを契機に原油の市場化が始まった。これにより産油国の原油支配力が削がれていった。メジャー側も垂直統合が崩れ石油製品の市場化が始まった。市場化が始まると売買のリスクをヘッジするための仕組み、即ち先物市場の創設が求められていった。NYMEX による石油製品の先物市場の発展はこのような背景に支え

られていた。ガスの先物についても、スポット売買の割合が75%を超えそのリスクヘッジのための仕組みが求められていた。NYMEXにとってはWTIをベンチマークとした原油先物市場設立と同様にガスについてもヘンリーハブでの価格をベンチマークとした先物市場設立は容易なことであった。

先物市場の利点は、売るガスを保有していなくても売買でき、或いは買う必要が無くても売買が可能であることである。先物市場には多くのSpeculator或いはFinancial Traderと呼ばれる金融機関や個人など、価格の上下で利益を得ようとする者が参加し、これが価格形成を支えるものとなっている。

▌4.2　エンロンの登場

4.2.1　エンロンの設立

ガスの売買の流動化に伴い、パイプライン事業者は州の壁を越えてガスを輸送する必要に迫られ、パイプライン事業者間の吸収合併の時代が始まった。また、株式市場にもこれを促す仕掛け人が活躍した。

エンロンは1985年7月に、InterNorthとHNG（Houston Natural Gas）の合併によって設立された。InterNorthはネブラスカ州オクラホマを根拠地とし、カナダ西部やアメリカ南西部のパイプラインを保有する主要なパイプライン会社であった。一方のHNGは、元々テキサス州内のローカルなパイプライン事業者であったが、Trans – Western PipelineおよびFlorida Gas Transmission吸収合併の結果、米国有数のパイプライン会社となっていった。両社はInterNorthが、HNGを買収する形で統合された。その結果、エンロンはHouston Gas Pipeline、Northern Natural Gas Pipeline、Trans – Western Pipeline、Florida Gas Transmission、Northern Border Pipelineなどを傘下に持ち、Tennecoに次ぐ米国で第2位のパイプライン事業者

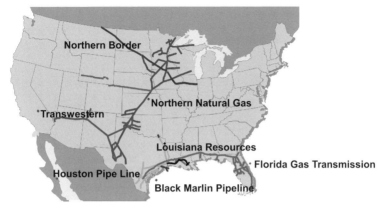

図4-1　エンロン ガスパイプラインネットワーク

となった。

　吸収合併の結果、エンロンは多額の借金を背負うことになったが、この借金がエンロンを魅力的なものに見せなかったこともエンロンが生き延びた理由でもあった。また、この借金をエンロンは逆手にとって活用し成長につなげていった。1987 年のエンロンの借入・株主資本比率は 75.6％で、Moody's（ムーディーズ）の格付けは「Ba」であった。これは、"投機的な要素を含むと判断される債券で、将来の安全性に不確実性がある"というものであったが、借入金利は比較的低いままの限界点であった。他方においては、株主配当が低く抑えられるため経営的には必ずしも悪いものではなかった。その後もエンロンの格付けは「Baa」レベルを維持していった。

4.3　エンロンのビジネス

　1980 年代後半には米国のガスの売買契約の 75％がスポットでの売買となっていた。しかし、日々値段が変化するスポット市場での売買は、ビジネス的にとても不都合なものであった。ガスの生産者にとっ

ては変動するするスポットマーケットに売るリスクがあり、ガスの需要者にとっては変動するスポットマーケットから買うリスクがあった。

　このような状況を顧み、1989 年にエンロンはより長期の 2 年から 10 年の長期のガス供給を定額で供給するサービスを開始した。こういった長期契約サービスにはプレミアム価格で供給することができ、エンロンのプロフィットマージンは増加することになる。しかし、長期のガス供給にはリスクも伴う。ガスパイプラインの発達によりガスの流動性も高まっていった中で、エンロンはパイプラインネットワークと市場の状況に関する情報を的確にとらえ、顧客の要望に応えていった。

　ガス需要家には次のような要望があった。
　1）長期契約に縛られたくないけれど長期安定供給が欲しい
　2）不要なガスは買いたくない
　3）価格の高いガスは買いたくない
　4）前もってガスを買うよりも後で特定の価格で買うことのできるオプションが欲しい
　一方、ガスの生産者の要望は次のようなものであった。
　1）高く買ってくれる相手に売りたい
　2）適切な値段で売るオプションが欲しい

　1970 年代には、経済学の分野でも大きな進展があり、Black - Scholes 式で知られるオプション価格の算定理論が確立した。これにより金融工学という分野が確立され多くのデリバティブ製品が生まれていった。エンロンもガスの供給に関連してオプションを含む派生商品（Derivative）の開発を行い、積極的に応用していった。これによりガス供給に柔軟性ができるようになった。1990 年以降、エンロンは会社の軸足を Physical Trading から Financial Trading に移していった。

エンロンは1992年より時価／値洗い方式（Mark to Market）を採用したが、これは資産評価の方法の一つで、将来の取引に適用し、長期契約での2年、5年、20年先の利益を契約時に確定していった。しかしこれは会計上の利益で、Credit Ratingの向上には寄与したが実際のキャッシュフローとは乖離していくことになった。

　ところで、Mark to Marketで、NYMEXの先物は最長18カ月或いは1年半であるのになぜ5年以上の契約が可能になるのか疑問が残る。しかし、当時の相対のOTC（Over the Counter）取引ではTraderの判断によるところとなり、このようないわば恣意的な操作は必ずしも違法ではなかった。また当時のCommodity Futures Trading Commission（CFTC；米商品先物取引委員会）ではOTCを取り締まることも検討されたが、結局、規制緩和の考え方から規制されることは無かった。これにはエンロンがCFTCの委員長を退職後に役員として迎え入れたことが効を奏したものと言われている。

　さらに、比較となるマーケットが存在しない評価の難しい売買契約に対してはMark to Modelという独自に作り出したマーケットモデルを適用していった。

　1994年にエンロンは電力市場にも進出していった。ガス・電力での卸売りマーケットでの成功によりエンロンは急速に商社化していった。パイプラインのAsset BusinessからNon - Asset Businessへの大きな転換を行い、電力やガス以外のコモディティマーケット設立への投資を開始した。1999年11月にはインターネット商品や金融サービスの取引を行うシステムであるEnronOnlineを開始した。取引相手の信用調査を瞬時に行う仕組みを組み込み、買い手或いは売り手が直接マーケットに対峙しているようなイメージを創設したが、実際にはエンロンが中心であった。

信用
買い手にとっても売り手にとってもエンロンが相手
ブローカーとしての役割とマーケットメーカーとしての役割
図4−2 エンロンのビジネス

エンロンが手掛けたビジネスを挙げると次のようになる。

表4−1 エンロンオンラインの取扱品目

ガス及び電力取引	木材取引
ガス及び電力の小売	鉄鋼取引
石炭の取引	プラスチック取引
原油取引	排出権取引
貨物輸送取引	天候デリバティブ
外国為替取引	インターネット回線取引
農産物商品取引	半導体取引
化学肥料取引	音声データ取引
紙パルプ取引	デジタルコンテンツサービス

　マーケットメーカーとしてのエンロンにとって Credit Rating の維持が大変重要であった。エンロンオンラインを支えるために、巨額の運転資金（キャッシュリザーブ）が必要となった。しかし借入金を増やすことは Credit Rating に影響を与えるために避けなければならなかった。また、株式発行は株価下落の懸念があった。この巨額資金をひねり出したのが資産の証券化や借金を少なく見せるための SPC（Special Purpose Company）の設立およびその利用であった。エンロンは結局 3,800 社余りの SPC を設立した。

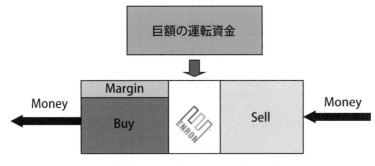

図4-3　エンロンの収益構造

　資産の証券化は、1970 年に米国政府系金融機関（Government
National Mortgage Association）が住宅ローン債権を証券化し、貸出
資金の調達を行ったことが最初の例となったといわれている。1980
年代には住宅ローン以外の債権の証券化が行われた。

　1990 年代前半の不動産バブル崩壊後の後始末には、商業不動産担
保ローンを基に Commercial Mortgage Backed Securities を開始し、
不良債権問題の処理に活用していった。1990 年代後半にはリスク（気
候変動、電力価格）の証券化やこれに関連するより複雑なデリバティ
ブも生まれた。

　ここでは、わかりやすい例として個人住宅ローンの証券化の例を示
す。証券化には三つの段階を踏む。第1段階は資産或いはキャッシュ
フローの特定である。第2段階は倒産隔離、第3段階はストラクチャー
リングと証券発行である。

　個人住宅ローンの場合、金融機関（債権者）は個人（債務者）にロー
ンを貸し付け、債務者はローンを返済する。しかし、債権者の金融機
関にとって個人住宅ローンは、債務者の破産や繰り上げ返済リスクに
さらされることになる。そこで金融機関は特別目的会社 SPC を設立
し、そこに債権の譲渡を行う。これにより倒産隔離が行われる。SPC
は、投資家に証券を発行し、投資家は代金を SPC に支払う。金融機
関は債権の譲渡代金を回収し、次の新たな個人にローンを貸し付ける
ことができるようになる。

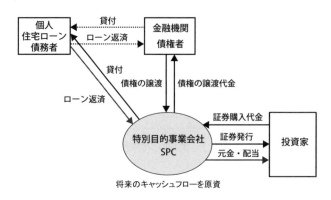

図4-4　証券化の仕組み

証券化には次のようなメリットがある。

1）資金調達・手元資金取得（Asset Finance）の手段として資産
　売却と同等の効果があり、新規投資を容易にする。

2）将来の不確実な利益変動のリスクを投資家に転化でき、リスク
　軽減ができる。

3）資産のオフバランス化により、財務指標のコントロール、企業
　価値向上、そのための自己資本比率のコントロールができる。

4）投資家にとっては新しい分野に投資ができ、投資家および事業
　化双方にとって新たな資本市場の創設が生まれることになる。

以上、証券化は多くのメリットがあるが、一方で借金や損失隠しに
も有効に使うことができ、実際にエンロンはそのようにも利用して
いった。

さて、話を戻して、エンロンの功績の幾つかを以下に挙げてみる。

4.3.1　Hub Pricing Program

1990年代は、NYMEXがヘンリーハブの価格をベンチマークとし
て採用したが、実際にはガス価格は全米で大きく異なっており、その
ためにガスのトレーダーが活躍した。トレーダーはガスを安く買い、
ガス価格が高い場所でガスを売るということによりマージンを得てい

た。また、ガスのスワップを通じて同じキャッシュフローのガスを他の業者から調達し販売する方式や、先渡しによる売買（将来の決まった時期に決まった金額でガスを売る契約）も行われた。エンロンは各地の市場価格の情報を集め、全体の最適化を行うことで市場の信頼を得ると同時に大きな利益を得ることになった。例えば、エンロン保有のガスの供給元があり、ガスの需要者にガスを売る場合、各地のガスマーケットの状況とパイプラインの tariff（使用料）を計算し、或いは他のガス供給者とのスワップを通じての供給オプションを検討しマージンの多いオプションを選択した。このような方式で、米国のガス供給全体の最適化が行われることになった。これがエンロンの Hub Pricing Program である。実際の契約はより複雑なものであったが、エンロンは契約のスタンダード化を行い、ガスのブローカーからマーケットメーカーとしての立場を固めていった。

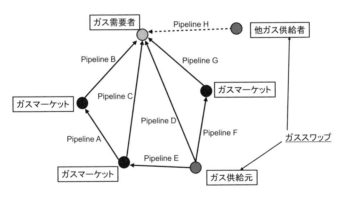

図4−5　ガスのスワップと流通の最適化

4.3.2　Gas Bankの創設とSPC

　1980年代後半は、ガス価格が安定せず中小のガス生産者および開発会社は将来計画の設定に苦慮し資金不足のために開発が滞っていた。エンロンにとってもガスの供給源の確保はマーケットメーカーと

して緊急の課題でもあった。そこで、エンロンは、1989年ガス開発事業者に資金を前金で提供し（ローン）、資金回収をガスで受け取るという方式を導入した。これは銀行が資産を担保に資金を貸し、利子と元金を回収する銀行業務に似ているので Gas Bank と呼ばれた。ガスを担保にした融資のため、Volumetric Production Payment（VPP）契約と呼ばれた。

しかし問題もあった。資金供与を行ってからガスで回収するまでには相当の時間がかかり、またその間のマーケットのリスクをエンロン本体が被ることになる。それを回避するために、特別目的会社（SPC）を設立し、そこにローンと VPP 契約を譲渡した。VPP 契約によりガスは、資産として生産者から切り離されることになった。この SPC は Cactus Fund と命名され、Limited Partnership の形式をとった。

Limited Partnership とは、General Partner と Limited Partner によって構成され、株式保有の割合と配当が Partnership を組成する際の Partnership Agreement によって決められ、General Partner は会社の運営と無限の債務上の責任を負うが Limited Partner は、会社の運営と債務上の責任は負わないというものである。利点は、簡単な手続きで組成され、税制上の納税義務は Partnership には無い点であった。しかし、後にこの無限の債務上の責任がエンロンを消し去るものとなった。

Cactus Fund はさらに証券化されて投資家に売られ、或いは債券を発行し銀行が購入するところとなった。エンロンはローンの譲渡資金を早期に回収すると共に、生産されるガスの購入を行った。エンロンのバランスシート上は Cactus Fund 売却代金とガスの購入金額が記載されるのみとなると共に、エンロンからのガス購入代金のキャッシュフローにより Cactus Fund は自律的に新たなガス生産者に資金を提供し、将来のガスの確保ができるようになった。

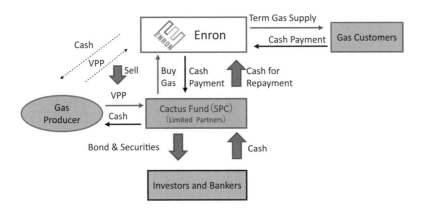

図4−6　エンロンのガス銀行

4.3.3　Financial Trading

　エンロンは、ガスの Physical Trading に加えて、Financial Trading によりさらに付加価値を高めるために、1989 年ニューヨークの Bankers Trust 銀行と JV（ジョイントベンチャー）を設立し、ファイナンシャル・トレーディングを開始した。これは、市場から変動価格でガスを購入し長期定額でガスを売るというサービスである。基本的には銀行間の金利スワップと同じ仕組みで、金利や為替、相場商品の現在価値が同じキャッシュフローを相手と交換するもので、例えばA銀行が LIBOR をベースに変動金利（LIBOR ＋）で資金を調達し長期固定金利で運用する場合、変動金利と固定金利の間で損失を被るリスクがある。他方、B銀行が、長期固定金利で資金を調達し、変動金利（LIBOR ＋）で運了する場合にも同様なリスクを抱えることになるが、抱える問題は逆であるため、A銀行の変動金利とB銀行の固定金利との間でキャッシュフローが同じものを交換することができれば損失は相殺されることになる。

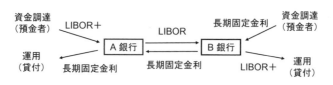

注：LIBOR（London Inter-Bank Offered Rate）
銀行間の短期金融取引で決められる金利。

図4−7　銀行間の長期・短期金利スワップ

　1990年当時のガスパイプライン会社或いはガストレーダーは、ス
ポットの変動価格でガスを購入し、変動価格で電力や都市ガス会社に
ガスを売るということをやってきたが、消費者からは固定価格で資金
回収が行われ、これが経営上のリスクとなっていた。

図4−8　1990年のガス売買方式

　このような状況で、1991年エンロンと Bankers Trust の JV は、
電力や都市ガス会社がガスを購入する際、彼らが固定価格でガスを買
い固定価格でガスを売ることができるサービスを開始した。Bankers
Trust にとっては、銀行間の金利のスワップはごく普通に行われてい
ることであったが、ガス業界にとっては全く新たなサービスであった。
このようなサービスによりエンロンはガスをプレミアム価格で売るこ
とができるようになり、収益は増加した。これには、1990年に開始
された NYMEX によるガスの先物市場が大きな役割を果たし、市場
に価格変動リスクを取らせることが可能となったことを意味した。

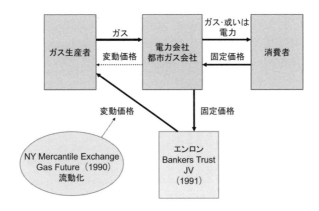

図4−9　1991年のエンロン−Bankers Trust　JVのサービス

　先物市場により将来の価格を現在価値変換することが可能となった。今日の100円と明日の100円は価値が違う。その間には、金利とその他リスクファクターが存在するからである。将来価値を現在価値に変換するには、割引率を使い次のような式で表される。

$$V_0 = \frac{V_t}{(1+r)^t}$$

V₀　　現在の経済価値
Vₜ　　t 年後の経済価値
　r　　割引率（金利、リスクファクター、など）

　将来にわたるガスの固定価格は、将来の各時点の価格を現在価値（理論価値）に引き直した価格を基本に、金融工学により計算されたプレミアムを付加した金額で提供された。

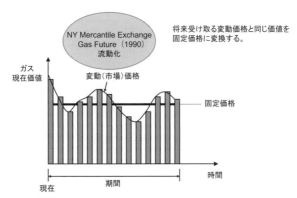

図4−10　先物市場を利用した変動価格から長期固定価格への変換

4.3.4　Derivative

　エンロンは現物の売買と組み合わせ多くの金融商品（Derivative）を生み出していった。以下にいくつかを紹介する。

1）Optionの例

　Option の例として必ずと言っていいほど登場するのは、古代ギリシャの哲学者の話である。それは『紀元前 600 年ごろターレスという貧乏哲学者が、天文統計を利用して次の年のオリーブが豊作になることを予想し、あらかじめオリーブ搾油機を多くの所有者からそれらが必要になる時期に合意された値段で借りる権利を買っておきました。そして、予想通りオリーブが豊作になるとオリーブ搾油機の需要が拡大し、貸出賃も高騰しました。ターレスは事前に合意された値段で借りることができ、それを借り入れた金額よりも高い金額で貸し出すことで莫大な利益をあげました。』という話である。しかし、予想に反し不作であった場合はどうであったろうか。その場合は権利を放棄すればいい話である。そして、権利確保のために支払った金額の損失を被るだけである。このように Option は資産を保有しなくても権利の売買により利益が得られるもので、欧米では Option の売買のための

市場が整備され、物の価格や資産価値のリスクヘッジの手段として活用されている。

　このように、Option とは、指定された証券や商品に対して決められた期日（欧州型）或いは期間内（米国型）に予め決められた価格で買う権利（Call）或いは売る権利（Put）の売買のことで、Option の買い手は Option の対価である Option 料を売り手に支払うことになる。しかし Option の買い手は証券や商品を買い取る義務はない。しかし売り手は、買い手が Option（権利）を行使した場合売る義務がある。この Option 価格は 1970 年代に Black－Scholes（ブラック－ショールズ）として知られる二人の経済学者によって理論が確立された。1997 年にショールズ氏にノーベル経済学賞が贈られた。残念なことにブラック氏は 1995 年に亡くなっていたのでノーベル賞の栄誉に与ることはできなかった。

　このように Option には、Call Option（買う権利）と Put Option（売る権利）があり、それぞれに対して売買が行われる。買い手の立場は Long Position と呼ばれ、売り手の立場は Short Position と呼ばれる。Call Option を買う（Long）場合、Long Call と呼ばれる。なかなか覚えにくい用語である。

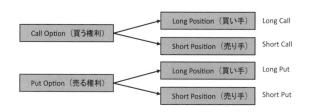

図4－11　Optionに関する四つのPosition

　Option の買い手は Option（権利）の行使で決められた価格で物や資産を買う或いは売る権利がある。他方、Option の売り手は Option の買い手が権利を行使した場合には応じる義務がある。

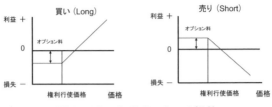

図4−12 Call Optionの損益

　Call Option を買った場合、物の価値が権利行使価格よりも上がっ
た場合には権利を行使し利益を上げることができる。しかし、下がっ
た場合には権利を行使しないまま期限切れとなり、Option 料が損失
となる。

　Call Option を売った場合、売り手は Option 料を手にすることがで
きる。しかし物の価格が上がり Call Option の買い手が権利を行使し
た場合には、安値で売らなければならなくなり Option 料を差し引い
た分の損失となる。

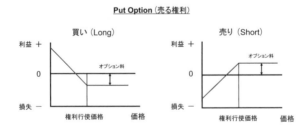

図4−13 Put Optionの損益

　Put Option を買う場合、物の値段が権利の行使価格よりも上がっ
た場合には権利を行使せず期限切れとなり Option 料の損失となる
が、物の値段が下がったときには権利を行使し売り主に対して市場価
格よりも高値で買ってもらうことができ利益を手にすることができ

る。Put Option を売る場合、逆に物の値段が下がった場合、Option
の買い手が権利を行使するために市場価格より高値で買い取ることに
なり損失となるが、物の値段が権利行使価格より上がった場合には
Option 料の利益を得る。

　Option を組み合わせた場合の例として、ある工場にガスを販売す
る際の売買契約の中で、ある供給契約量に対して、ガスの値段がある
値段から下がり、安くなった場合、ある価格で買う（Put）Option と
同時にある値段より上がり、高くなった場合に、ある値段で売る（Call）
Option を組み入れた契約にするとより、暖冬厳冬など季節変動に関
わらずリスクを緩和できることになる。

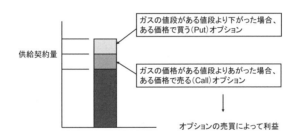

図4−14　Optionの例

　この Option の場合、Long Strangle と呼ばれ、次のような損益構
造となる。

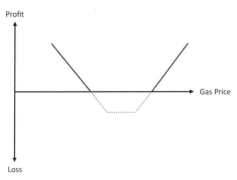

図4−15　Option例　Long Strangle

Option 同士の組み合わせや、現物や先物の組み合わせで多様なポジッションの創設が可能となる。例えば、Call の買いと Put の売りを組み合わせると原資産の先渡し買いとなる。逆に Call の売りと Put の買いを組み合わせると原資産の先渡し売りとなる。

2）天候Derivativeの発明

石油会社にとって暖冬は暖房用燃料油の需要が落ち、また値段も下がり減収となる。ビール製造会社にとって冷夏はビールの需要が減少し減収となる。燃料油の価格のリスクに関しては先物を買うことによってリスクヘッジを行うことができるが、需要の減少など数量のリスクに関してのヘッジはできない。また、天候そのものは自然現象であり売買できない。このように天候に関する Derivative については妙案がなく課題であったが、エンロンのリンダ・クレモンズ（当時27歳）が天候 Derivative の Index を考案し、1997 年に EnronOnline を通じて提供が開始された。理論的には、決められた期間（冬期間或いは夏期間）にどれだけ暖かい日或いは寒い日が続いたかを計測し、その計測合計に合わせて収益を得、損失補填に充てるという仕組みである。

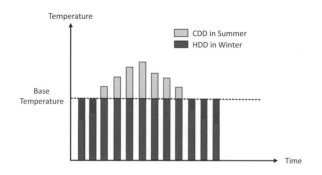

図4－16　Cooling Degree Day（CDD）
およびHeating Degree Day（HDD）

天候 Derivative の場合の Index の作成に関し、Cooling Degree Day（CDD）及び Heating Degree Day（HDD）が考案された。それ

は CDD = Max〔0，1 日の平均気温 − 基準気温〕と HDD = Max〔0，基準気温 − 1 日の平均気温〕で表現される。米国の場合、冷房或いは暖房に切り替わる標準気温として 65 度 F が使われた。

　このように北半球の冬季の天候リスクは、冬季間の HDD の合計値でインデックス化できる。夏季の天候リスクは夏季間の CDD の合計値でインデックス化できることになる。

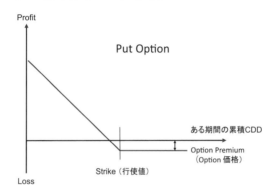

図4−17　CDD Putの損益

　天候 Derivative の Option のタイプとして CDD Put、CDD Call、HDD Put、HDD Call の四つのタイプがあるが、CDD Put は冷夏に適用され、CDD Call は熱い夏に適用される。また HDD Put は暖冬に適用され HDD Call は厳冬に適用されることになる。

　ビール会社の例を取ると、冷夏には需要が落ちる。こういったリスクを緩和するために CDD Put Option を購入することになる。冷夏の場合、CDD の累積は積みあがらず、従い Option 購入による収入を得ることになり、これにより需要減少による収入減を補うことになる。

　天候 Derivative は、1997 年に導入されて以来大きな市場に育った。とりわけ OTC（Over the Counter）マーケットの相対取引での主要商品に発展した。それは販売者及び購入者の Credit Rating の査定が行われる必要があるという理由であった。しかし、OTC では限られた者同士の売買で広がりが無い。さらなる市場拡大には、参加者の

Credit Risk を売買契約から除く必要があった。現在、天候デリバティブは電子取引化されたプラットフォーム上で Credit Risk と売買契約が分離され、多様な分野で利用されている。これも元を正せば、エンロンのエネルギービジネスへの貢献の一つである。

4.3.5　エンロンのマーケットと終焉

エンロンの創設した所謂マーケットは、結局、売り手にとっても買い手にとってもエンロンが相手で、エンロンは、ブローカーの役目とマーケターの役目を両方こなす必要があった。また、Derivative Dealer としての信用力も必要で Credit rating の維持が最重要課題であった。しかし、売買の相手としてのエンロンはマーケット運営のために膨大なキャッシュリザーブを必要としたが資金調達のための借入金の増大や株式発行は財務評価を落とし、Credit Rating を下げることになる。キャッシュフローに関しても Mark to Market の採用のために実際の資金の流れと会計上の資金との間に乖離が起こっていた。このような状況で資金を得るには、アセットの証券化と特別目的会社 SPC（Special Purpose Company）の活用であった。

エンロンは 3,800 余りの SPC を設立したが、そのうちの幾つかの SPC（Raptor、Raptor Ⅰ、Raptor Ⅱ、Raptor Ⅳ）間でエンロンの株式を使ったクロス担保が行われていた点と、エンロンの役員が SPC の株主となっていたことによる利益相反が行われていた点が会計ルールに違反していた。そして、エンロンの株価の下落とともに SPC の債務が無限にエンロンに降りかかることになった。2000 年には、海外投資でも大きな損失を出していたことが明らかになってきた。

1998 年に、水道ビジネスに進出するため、その第一弾として英国 Wessex Water を買収し、Azurix Water を設立した。Wessex Water の買収により水道および排水処理サービスに関するノウハウを得た後、1999 年にブエノスアイレス水道を買収したが、買収金額が資産価値に比して高すぎた。2000 年には利益の出ないままエンロン本体

に吸収された。

インドの Dabhol 740MW LNG 火力発電所 Phase 1 は、1999 年に LNG ターミナル建設の遅れにより LNG の代わりにナフサを燃料として稼働を開始した。計画では Dabhol に LNG ターミナルを建設し火力発電所を建設すると共に Dabhol から Hazira まで 30 インチ 500km のパイプラインを敷設し、GAIL の HVJ（Hazira – Vijaipur – Jagdishpur）パイプライン（1,750Km）に接続し、LNG 気化ガスをデリーまで送る計画であった。HVJ パイプラインは、Bombay High 油田からの天然ガスを首都圏に送るために建設され 1991 年に運転が開始されていた。

出所: Enron
図4-18　Dabholプロジェクト概要

しかし 1990 年後半には天然ガス生産量が減少し始めたため、代替のガスソースとして LNG の導入が要望されていた。

2000 年に入ると原油価格が急上昇し、それに伴いナフサ価格も上昇した。このため、電気取引料金も上昇し、その年の 12 月マハラシュトラ州の財政が破綻し支払停止の事態となった。2001 年 5 月にマハラシュトラ州は電気料金見直しをエンロンに要望したが、エンロンは拒否し、発電は停止された。同年 6 月には 90％完成の Phase 2（1,400MW 発電所）の建設が中止された。同年 9 月インド政府宛てに

プラント売却の提案をしたが、結局は買い手がつかず、不良資産として残ることになった。

　米国でも Broad Band ビジネス創設のための光ファイバー網建設に多額の資金を投入したが、成果が無く多額の損失を計上していた。

　エンロンはガスのマーケットメーカーであった。取引は、エンロンにガス（物）を売り、売れた後に売掛金が回収されることになり、その期間は一カ月ほどかかる。そのためには信用が必要であるが、エンロンの負債問題が明るみに出て以来、取引に現金での決済を要求されることになった。そのためにより多くの資金が必要となった。また、一度信用を失うと取引量は急激に落ち込んでいった。他方 EnronOnline そのものでは取引高が急速に拡大し、拡大に対してシステムの増強やソフトの改良によって対応できたが、拡大した取引を維持するためには莫大な資金（＄20 Billion／月）が必要となっていた。しかし、それに応じる金融機関は無くなった。

　2001 年 10 月に SEC（Securities and Exchange Commission）による Formal Investigation が開始された。同時に Credit Rating が急速に下がり、株価も下がっていった。これによって問題の SPC（Raptor、Raptor Ⅰ、Raptor Ⅱ、Raptor Ⅳ）のみならず他の SPC（Osprey Trust や Marlin Water Trust）への補償金の支払いが生じ、巨額の損失を出すことになった。このように負のスパイラルが始まったが、ある時点ではそれを止めることはできたかもしれない。しかし訴訟を避けるために事実を隠し続けたことにより疑惑が疑惑を呼んで株価が下がり続け、自力での立ち直りは不能となった。2001 年 11 月 9 日に Dynegy がエンロン救済を発表したが、同年 11 月 28 日にエンロン救済を撤回した。Dynegy CEO のチャック・ワトソンと Enron CEO のケン・レイは旧知の仲であった。Dynegy は CeveonTexaco の子会社であり、CheveonTexaco も買収に同意したが、際限のない隠れ借金が明るみに出るに及んで買収を断念した。同年 12 月 2 日にエンロンは倒産した。

エンロンが倒産した際のインパクトは予想よりは小さかった。イメージ的にはゴム風船が破裂したようなものであった。エンロンの倒産により大きく躍進を遂げた会社があった。それは後述する ICE（Intercontinental Exchange）である。ICE は、EnronOnline の成功を目の当たりにした BP や Shell 等の石油会社と投資銀行の Goldman Sachs が設立したマーケット運営会社で、行き場を失った EnronOnline の利用者の受け皿となった。そして一躍世界に躍り出ることになった。

エンロンが残したものは、マーケット創設にあたっての多くの功績とともに、会計操作にも無限の可能性があることを示した。資産（Asset）は証券化により切り離され流動化していった。資本（Equity）は証券市場からの調達により顔の見えないものになっていった。より安価に借入金を調達するために債務の証券化も行われた。資本と負債の区別の曖昧な社債なども開発され、販売された。ある意味でエネルギービジネスでの壮大な実験であったが、会社のモラルの問題を提示するものとなった。

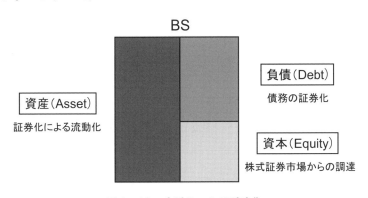

図4−19　会計ルールの曖昧化

4.4　リーマンブラザーズの野望

エンロンが 2001 年に敢え無く倒産した後、投資銀行がエンロン

後のエネルギービジネスに参入を始めた。それをリードした一人が
チャック・ワトソンである。

1984年にエンロン（当時のHouston Natural Gas）、Transcoなど
パイプライン会社4社に加えモルガンスタンレーの共同出資により、
スポットマーケット運営会社Natural Gas Clearing Houseが設立さ
れたが、彼はこのスポットマーケット運営会社の社長に就任した。
1989年にモルガンスタンレーが抜け、代わりにBritish GasとNova
およびChevronが参入した。1995年にChevronの北米の天然ガスの
販売権を獲得。1998年にChevronの天然ガスおよびGas Liquid部門
を併合し、Dynegyと改称した。エンロンの会計上の不備が指摘され
た際の2001年11月9日、Dynegyがエンロン救済を発表した。しか
し、同年11月28日、エンロン救済を撤回し、同12月2日にエンロ
ンは倒産した。

2002年にDynegyにエンロンと同様の会計上の不正が発覚し
Dynegy社長を辞任することになった。2003年にEagle Energy
Partners LLPを設立し、エンロンのビジネスの一部を継承した。
2007年5月、Lehman Brothers（リーマンブラザーズ）が、Eagle
Energy Partners LLPを買収し、その副社長に就任した。2007年
9月リーマンブラザーズは、ルイジアナ北部に天然ガスのTrading
Hub（Eagle Hub）の建設計画を発表した。40マイルのパイプライン
建設により、これを起点に、近隣の12の主要パイプラインを統合し
ハブを創設する計画であった。リーマンブラザーズのこういった動き
は、実質的にエンロンを継承し、電力およびガスの現物およびファイ
ナンシャル・トレーディングを行うと共にガスの流れの最適化に関与
しWheeling、Balancing、Park and Loanなどのサービスを提供する
ことになっていた。

2008年9月15日、リーマンブラザーズはサブプライムローンの焦
げ付きのために経営破たんしたが、救済の動きは無かったとされてい
る。

4.5 エンロンが残したもの

　エンロンのガス市場形成における貢献は大きい。とりわけ物理的な売買市場に加えて、Financial Trading による金融市場を活発化させ、ガスのビジネスを流動性のあるビジネスに変えたことにある。エンロンの言わば一人芝居のマーケット創設は失敗に終わったが、結果的にFERC の権限が強まり、市場に透明性が確保され、パイプライン事業者は独立した TSO（Transmission System Operator）としての役割を得、NYMEX により不特定多数が利用でき、現物や先物およびデリバティブを含む売買を行う市場が整備され、トレーダーによりガスの流動性が支えられるという現在の仕組みが機能し始めることになった。

第 5 章

欧米の市場

5.1 市場の発展

　米国の天然ガス市場は 1990 年より NYMEX によって開始された先物市場により大きく発展した。それまでも市場リスクを最小に抑える必要から先渡し市場（Forward Market）は存在したが、OTC（Over the Counter）による非公開の相対取引で、限られた者同士の取引にとどまっていた。

　市場の仕組みは時代とともに進化していく。エンロンの市場ビジネスは相対取引を基本としていた。エンロンは市場運営の中で売買両方の当事者であったが、売買の相手双方に対し、できるだけ透明になるように見せかけていた。相対取引は、FERC（Federal Energy Regulatory Commission）の許認可事業の対象にはなっておらず、従ってエンロンは自由にビジネスを展開することができた。当初のガスの売買は、パイプライン事業者と需要家の相対取引であった。パイプライン事業者にとっては将来のガスの供給量と値段が収益上のリスクとなる。このため、リスクヘッジのために、先渡し（Forward）契約が行われるようになる。先渡し市場での売買契約書はそれぞれ個別にカスタマイズされ、将来のある時点での物理的な引き渡しと支払いを明記したものとなる。そして相手の支払いリスクおよび供給リスク（Credit Risk と言う）をそれぞれ個々が取るというものであった。

　先渡し契約の件数が大きくなると相場が形成される。先物市場の出現により、不特定多数が参加できる市場が設立され、リスクヘッジが容易となった。現在先物市場は、FERC による規制の下に、電子的なプラットフォームの上で運営されている。契約の主体は Clearing House で、ここで売買契約と Credit Risk が分離され精算業務が行われることになる。決済は実行日までの間で日々行うことができる。売買はスタンダード化され、相手の Credit Risk を考慮することなく契約の実行日にいたるまで日々売買（空売りや空買いなど）を行うこと

ができる。これを支えるのは主に Speculator と呼ばれる事業者や金融業者或いは個人で、価格の増減に対して利益を得ようとするものである。Clearing House については次節で述べる。

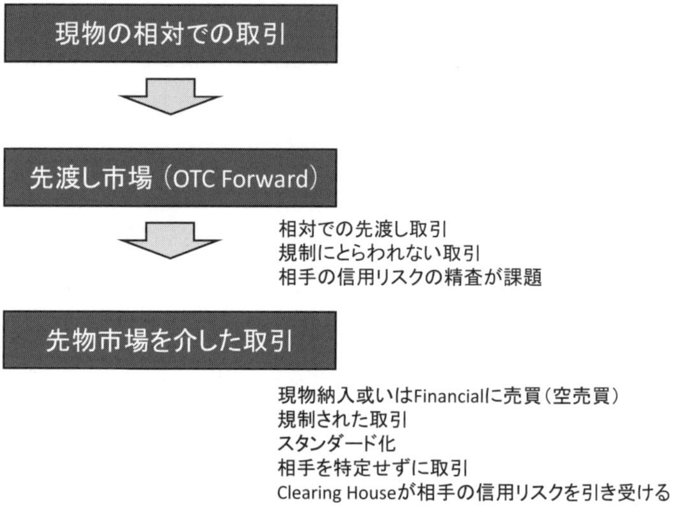

現物の相対での取引

先渡し市場（OTC Forward）

相対での先渡し取引
規制にとらわれない取引
相手の信用リスクの精査が課題

先物市場を介した取引

現物納入或いはFinancialに売買（空売買）
規制された取引
スタンダード化
相手を特定せずに取引
Clearing Houseが相手の信用リスクを引き受ける

図5－1　先物市場の発展

　市場は複数の供給者或いは販売者と複数の需要家或いは購入者の間での利害の調整機関として作用するものである。ガスの需要家は、
　・長期契約に縛られたくないけれど長期安定供給が欲しい
　・不要なガスは買いたくない
　・価格の高いガスは買いたくない
　・前もってガスを買うよりも後で特定の価格で買うことのできるオプションが欲しい
　一方、ガスの供給者は、
　・高く買ってくれる相手に売りたい
　・適切な値段で売るオプションが欲しい
と考えている。従い、ガス市場では物理的な取引が行われると同時に

リスクヘッジのため、先物市場を利用したデリバティブ商品の開発及び提供が金融機関によって行われることになる。OTC（Over the Counter）での相対取引も継続的に行われている。とりわけ天候デリバティブなど個別に契約されるような性格の取引に関して利用されている。このように市場の形成は経済活動において大変重要な役割を果たし、金融機関に対しても、大きなビジネスの機会を提供するものとなっている。

　日本では、電力卸売り市場の形成の議論が先行し、ガスの卸売り市場形成の議論には至っていない。また、電力の卸売り市場に関しても自由に売買できる仕組は未完のままである。広域のグリッドオペレーターが欠如していることに加えて、各種電源の位置づけが曖昧なままの市場整備の議論は、透明性に欠け、初めから困難があるように思われる。

　そして、現実に起こっていることは"自由化"の名の下に、電力とガスのセット割などの不透明な値段設定によって囲い込むことであり、これが日本のエネルギービジネスの主流となっている。

▌5.2　Clearing House

　現物や先物市場の運営に欠かせないものが Clearing House（清算機構）の存在である。これが現物や先物市場での売買の相手となる存在（Central Counter Party）となる。

　取引所（Exchange）で現物や先物の売買が成立した後の精算業務は、Clearing House に移される。Clearing House の要件としては、第三者機関として独立性を持ち、不特定多数との売買ができるがその参加者の不履行或いは Default に関しては透明性のある埋め合わせの仕組みを持っていることである。

図5－2　Clearing Houseの役割

　取引所（Exchange）での売買は、Clearing House が、Buyer 或い
は Seller との精算の相手（Central Counter Party – CCP）になる。
CCP は第三者機関として存在し、自立した存在であることが求めら
れている。不特定多数に対しても開かれた存在であるが、運営上のリ
スクを処理する能力も必要条件となり、例えば、Buyer 或いは Seller
が契約不履行を起こした場合の保証機構も備えている。

　英国のガス市場運営会社である APx Gas UK の場合、契約不履
行に対応するための保証機構は、三段階の Risk Capital によって構
成されている。第一層として、参加者が差し出す担保或いは補償金
（Collateral）である。これにより統計上は 97％の契約不履行による
損失を解消できるとされている。残りの３％に関しては、債務相互互
助基金（Mutualization Fund）により対応することになるが、絶対に
市場が均衡を失うことは無いとは言い切れない。最終的には市場運営
を維持するために不履行を起こした会員の支払い分（Initial Margin）
のうち、ある割合を Equity として資金注入することになる。

5.3　市場運営会社

　エネルギー取引に関し、現在 ICE（Intercontinental Exchange；インターコンチネンタル取引所）と CME（Chicago Mercantile Exchange；シカゴ・マーカンタイル取引所）の二つの主要市場運営会社が存在する。ガス市場に関しては ICE が英国の NBP（National Balancing Point）でのスポット市場の形成に貢献してきたのに対し CME に買収された NYMEX は、ヘンリーハブのスポットおよび先物市場の形成と運営に力を注いできた。

5.3.1　ICE

　ICE は、BP、Shell、Goldman Sachs の 3 社により 2000 年 5 月に米アトランタに設立された。背景にはエンロンのトレーディングのためのプラットフォーム EnronOnline の成功があり、エネルギー企業に与えた衝撃の大きさの表れでもある。

　ICE の設立は、エネルギー関連商品の電子取引プラットフォームの提供と原油や石油製品、天然ガスに関連するデリバティブ（派生商品）や先物商品の提供を主眼としたものである。ICE の最大の貢献は、英国の NBP 価格をベースにスポット市場を設立したことであった。会社設立後間もない 2001 年にロンドン国際石油取引所（IPE）の買収をはじめとし、2007 年にニューヨーク商品取引所（NYBOT）、2010 年に温暖化ガス排出権取引所、2014 年にニューヨーク証券取引所（NYSE）、2017 年にはカナダのエネルギー交換所（Canadian Energy Exchange）を買収し、現在は世界第 3 位の取引所にまで成長した。以下に ICE の組織図を示す（**図5－3**参照）。

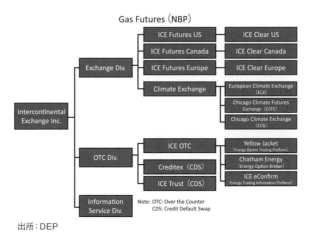

出所：DEP

図5-3　ICE組織

5.3.2　CME

　1898 年にシカゴバター卵取引所として創設された。1919 年に CME
に改組され、商品先物、金融先物、株式指数先物、債券先物およびそ
れらのデリバティブが上場されている。1972 年に世界で初めて金融
先物取引を開発した取引所としても知られている。2007 年に CBOT
（シカゴ商品取引所）、2008 年に NYMEX（ニューヨークマーカンタ
イル取引所）を買収した。

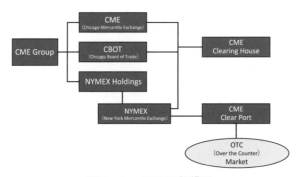

図5-4　CMEの組織図

現在、CME グループは、世界最先端かつ最大級の総合デリバティブ市場を運営しているが、その中興の祖となったのがレイ・メラメド氏である。メラメド氏は、幼少期、当時のリトアニアの日本国領事館に赴任していた杉原千畝が国策に反して発給した通過査証（いわゆる命のビザ）によりホロコーストから生き延びることができた生存者の一人である。米国に渡ったメラメド氏は CME グループの理事として金融先物市場を創設し、通貨（FX）・金利・株価指数先物を上場する CME 国際金融市場（IMM）部門の開設、同社電子取引システムの創設に尽力した。1969 年から 1977 年まで CME グループの会長、1997年以降は名誉会長となっている。

　メラメド氏は親日家としても知られ、2017 年 11 月には、金融先物を創始し世界中に広めた功績と日米関係の強化への寄与により、日本政府より旭日重光章を贈られている。

　日本政府においてもメラメド氏を顧問に迎い入れ、市場改革の指南をお願いしてはと考える次第である。

5.4　市場運営会社と金融業

　市場運営会社は潤沢な資金提供を行う金融業に支えられている。市場の運営において、現物の"売り"と"買い"の所有権移転の間の時差は、Working Capital によって賄われる。このときの売買価格に金利と手数料を加えたものが現物のスポット価格となる。市場が大きくなればなるほど資金需要は増加する。欧米の投資銀行はこのような資金需要に貸し付けを行い、ベースロード収入を得ている。このように金融業は、市場のへの資金提供を行う重要な役割を果たすとともに先物市場による金融派生商品の販売により利益を得ている。

第6章

英国の
ガスマーケットの
仕組み

6.1　英国のガス自由化

1980 年代前半までは、ガス事業は生産から輸送、配給まで国営の British Gas により独占的に行われてきた。1979 年に首相の座に就いたサッチャー政権の下で 1986 年にガス事業法が施行され、British Gas の民営化が断行された。同時に消費者を守るためのガスの Regulator として、Office of Gas Supply（Ofgas）が設定された。後に Ofgas は、電力の Regulator と統合され、Office of Gas and Electricity Market（Ofgem）となった。

サッチャー政権の下で真っ先に行われたのが改革の大枠を決める Energy Policy の設定である。その中で二つの目標が示された。一つは市場を作ることと、もう一つはパイプライン・インフラを維持管理運営することであった。この二つの目的を達成するために、まずは、ガスの売買とガスの運送の分離が行われた。1996 年に British Gas は、内部的に三つの分野に集約されることになった。

1) UK Gas Business（国内のガス事業）

2) Global Gas（海外のガス事業）

3) Exploration and Production（石油・ガスの開発と生産）

1997 年に British Gas は BG Plc. と Centrica Plc. に分割され、BG Plc は、石油・ガスの開発／生産部門と国内ガスの幹線パイプライン網（Transmission と Distribution）を担う Transco の両方を引き継ぎ、Centrica は国内の小売りを主業務とするようになった。

2000 年になると BG plc. は、BG Group（石油・ガス開発／生産）と Lattice Group（Transco）の二つの新しい会社に分割された。BG Group はこの後、LNG 開発や LNG マーケット開発に注力し、下流の不特定多数を相手にした Take or Pay によらないマーケット戦略を用いた。これはそれまでの他のメジャーとは異なるアプローチで、LNG の流動化に大きく貢献した。トリニダード・トバゴの LNG

開発では、長期の Take or Pay によらない市場連動価格を前提とし
たファイナンスを成功させ、また、シンガポールの LNG ハブ事業
の Operator として LNG の市場化に尽力した。BG Group は、2015
年４月に Shell の傘下に入ることになった。一方、Lattice Group は
ガス供給ビジネスを引き継ぎ、2002 年に National Grid と合併し、
National Grid Transco Plc. となった。

　以上を図示すると次のようになる（**図６－１参照**）。

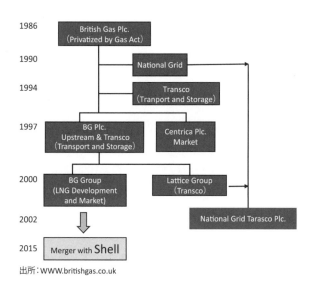

出所：www.britishgas.co.uk

図６－１　British Gasの民営化とその後

　話を戻し、この 1996 年の改革により大口の消費者に関しては第
三者アクセスが認められるようになり、直接生産者からガスを購入
できるようになった。そして、国内のパイプラインネットワークは
National Transmission System（NTS）と呼ばれ、現在は National
Grid Transco によって運営されている。

　大陸からのパイプラインガスの導入などにより、次第に National
Balancing Point（NBP）と呼ばれるハブ機能が姿を見せ始めた。
1998 年にベルギーの Zeebrugge と英国の Bacton を繋ぐパイプライ

ン Interconnector System（40 インチ、235km）の運転が開始された。
これにより英国と大陸の双方向のガスの移動が可能となった。このパ
イプラインのコンソーシアムは、以下の構成となっている。

- La Caisse du Quebec（33.5%）（カナダ）
- ConocoPhillips（10%）（米国）
- Distrigas（11.41%）（ベルギー）
- Electrabel（5%）（ベルギー）
- ENI（5%）（イタリア）
- E.ON Ruhrgas（25.09%）（ドイツ）
- Gazprom（10%）（ロシア）

　実際の運営にあたっては、大陸側と英国側でのパイプラインコード
（ガスの性状や最低および最高運転圧力や温度）の違いがあり、限定
的な運転になっている。ガスの品質上、英国から大陸への輸送は問題
が無いが、大陸から英国へのガス輸送にはガスの品質上の課題があっ
た（大陸側に品質調製施設が無かった）。しかし、英国の市場が大陸
側とりわけドイツのガス契約に与えた影響は大変大きい。これにより
ロシアとのガス売買契約は長期の石油製品（軽油と重油）のバスケッ
ト価格から市場価格リンクの価格体系に変更されていった。

　2006 年にはオランダの Balgzand と英国の Bacton を結ぶ Balgzand-
Bacton Line（BBL）（36 インチ、235km）が運転を開始した。これ
は主にロシアガスを英国市場に届けるもので、ロシアガスが実質的に
英国卸売市場で売買されることとなった。このパイプラインは次の
Limited Partnership によって建設・運営されている。

- Gasunie BBL B.V.（60%）
- E.ON Ruhrgas BBL B.V.（20%）
- Fluxys BBL B.V.（20%）
- Gazprom（9% option）

ロシア政府のガス輸出に関する政策は、本来2国間協定が基本であった。しかし、市場化の急速な拡大に大きな衝撃を受け、EUでは価格交渉を諦め、市場価格でのガス供給量の拡大に主眼を置くようになった。Gazprom は、欧州全域のパイプライン網建設に深く関与しているほか、Interconnector および BBL にも出資し、英国の市場を言わばガスのアウトレットとして活用している。また、ドイツ国内にガス貯蔵施設を建設し、ガスの需給に合わせてガスを放出するいわゆるガスパーキンングビジネスで収益を上げている。後述するがパイプラインガスとカタールの LNG とのスワップを行い、LNG をアジアで販売している。

出所：gazprom

図6−2　Inter-ConnectorおよびBBL

　LNG の導入に関し、2000 年に入り英国を含め EU では、増加し続けるガス需要と EU 域内のガス生産の減少およびロシアの既存ガス田の老朽化などが話題となり、ガス供給の多様化のために LNG の導入の検討が開始された。
　英国の LNG 使用の歴史は古く、最初の導入は 1959 年であった。都市ガス用に石炭からの合成ガス（水素と一酸化炭素）に代わり、

1964 年からはアルジェリア Arzew の LNG プラントよりケント州の Canbay Island の LNG ターミナルへ輸入が開始された。その後、北海ガス田からのガスが利用できるようになり 1979 年に閉鎖、解体された。

そして、北海ガス田からのガス供給の減退に伴い再び LNG の導入が開始された。2005 年にケント州の Grain Island に LNG ターミナルが建設され運転が開始された。2009 年には南ウエールズの Milford Haven に Dragon LNG Terminal と South Hook LNG Terminal の二つの LNG ターミナルが建設され、運営を開始した。Dragon LNG は、BG Group（現 Shell）と Ancala LNG の JV（ジョイントベンチャー）によって建設・運営され、South Hook LNG Terminal は Qatar Petroleum、ExxonMobil、Total の JV によって建設運営されている。これらのターミナルにより LNG とパイプラインガスの競合が生まれ、LNG 価格の市場化が始まった。このことは、パイプラインガスと LNG のスワップが可能となることを意味した。

実際に英国に本社を置く Gazprom Export がアジアでカタールの LNG を販売している裏側にはこのような市場の仕組みによりパイプラインと LNG のスワップが可能になったという背景がある。

図6−3　欧州のパイプラインシステムおよびLNGターミナル

6.2 NBPの仕組み

NBP（National Balancing Point）の基本的な仕組みは、1996年3月に施行されたNetwork Codeに示されている（**図6−4**参照）。このNetwork Codeには以下、2点の重要な規則が盛り込まれた。

1）ガスパイプライン網への第三者のアクセス
2）ガスの圧力バランスを維持するために、ガスの売買を行うための短期マーケットの運営規約。これは後にOn the day Commodity Market（OCM）に発展した。

運営者のNational Grid Transcoは、NTSのガス圧力バランスを維持するための入札制度（Flexibility Mechanism）を導入し、不足分を入札によって購入し補充した。

Network Codeは2005年に改定され、Uniform Network Codeと呼ばれるものになった。OCMのトレーディングを通して、System Average Price（SAP：平均価格）とSystem Marginal Price（売買での最高額：SMP Selling Price、最低額：SMP Buying Price）が決定され、

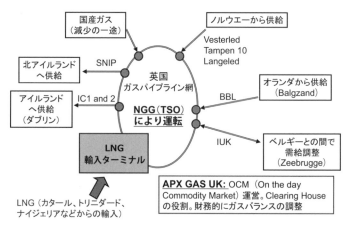

図6−4　NBP（National Balancing Point）

ガス量の出入の不均衡に対する罰則的価格は、System Marginal Price によって精算されるようになった。

NBP での売買のための標準化された様式は、NBP' 97 規約に示され、これが英国での OTC（Over the Counter）トレーディングの或いは先物市場の現物受け渡しのための契約書の基本となっている。

1999 年に Transco は、パイプライン運営部門と市場運営部門に分離され、パイプライン運営部門は National Grid Gas（NGG）と改称され、Transmission System Operator（TSO）としての役割を果たしている。TSO は独立の非営利事業者 Independent System Operator とも呼ばれ、透明性を保っている。OCM 運営部門は、APX（Amsterdam Power Exchange）に委託され、APX Gas UK により市場運営が行われている。さらに 2015 年に APX グループは EPEX SPOT と経営統合された。

6.3　英国の市場運営とAPX Gas UK

1997 年に市場運営会社の ICE によりガスの先物が上場され、NBP を受け渡しポイントとしたため、NBP が米国の Henry Hub（ヘンリーハブ）に並ぶ取引のベンチマークとなった。先述のように 1999 年に英国のガスおよび電力の監督機関である Ofgem により Transco の役割は大きく変わり、TSO（Transmission System Operator）として機能することになった。OCM の運営は、APX（Amsterdam Power Exchange）Gas UK に移管された。APX Gas UK は、APX Commodities Ltd. の 100％子会社である。

APX Commodities Ltd. は、オランダで電力のスポットマーケットを運営する 100％ APX B.V. の子会社である。APX BV はオランダの送電線網の Transmission System Operator（TSO）である TenneT やパイプラインの TSO である Nederlandes Gasuni によって 1999 年に設立された。

APX Gas UK は、不特定多数の市場利用者に対してマーケットのプラットフォームを提供し、スポットマーケットである OCM の運営や、Central Counterpart として Clearing Service を行うようになった。

　他方ドイツでは 2009 年に発効した EU Gas Directive に基づき、垂直統合されていたガス供給会社がビジネスとガスインフラに分離されることになった。そしてドイツのパイプラインインフラは非営利法人の ISO（Independent System Operator）により運営されることになりヨーロッパ全体のガス流通のハブとして機能するようになったが、このような変化を受け、2015 年 4 月、EPEX SPOT（Europe Power Exchange Spot）と APX Group は統合することになった。これによりオランダに代表されるヨーロッパと英国が一つのルール、一つのシステムで管理運営されることになった。そして APX Group は、EPEX SPOT の名前に統一されることになった。このシステム運営の統合化により、市場運営にも大きな変化がもたらされることになり、オランダのパイプライン TSO である Gasunie Transport Services（GTS）により運営されるバーチャルな天然ガスの現物の交換所である Title Transfer Facility（TTF）での取引が拡大し、NBP を凌ぐヨーロッパ全体のベンチマークに成長した。

　英国のガス政策で重要な点は、北海ガス田の減退により早晩国産ガスは無くなるが、ガス資源を市場の力によって英国に集めたことである。現在、ノルウエーからのガスと米国および中東の LNG、そしてロシアガスが競争原理により市場価格（NBP ／ TTF）を形成している。このため、2019 年 8 月には欧州でのガス価格は歴史的な安値となり、3.2 ドル／ MMBtu を記録した（Petroleum Review Aug 2019）。

　英国のガス政策および制度は民間の LNG タンクのインフラを市場運営に組み込みローリングストックとして利用する一方、非常時には英国政府が備蓄ガスとして使用することができるようになっている。これは日本にとっても参考になる例である。

話は多少それるが、日本にも大規模な原油備蓄基地がある。原油タンクは定期的に点検が必要であるがその度に他のタンクへ移送される。時間が経つにつれて"ブレント原油"ならぬ"ブレンド原油"になり、性状が得体のしれない代物に変化していると言われている。2011年3月の東日本大震災の際のエネルギー危機の際にどのような役割を担ったのか検証してみる必要がある。

　日本は原油の購入に際しては Japan Premium 価格で購入し、エネルギー安定供給を国策とする建前上、Premium を甘んじて受け入れてきた。その原油を非常時に使用できなかったことの損失は如何ほどか考えてみる必要があると思われる。筆者等は原油の備蓄をローリングストックに変え、アジアでの原油市場形成に生かす手立てはないものだろうかと考える。

　日本は、ガス田の利権を取得することがガスの安定供給の唯一の方法として選択してきたが、ガス田も資産としてランクされ売買がなされている。国策という大義名分の下で盲目的にガス資源の権益を確保しようとする時代は前世紀で終わっている。ガス資源への投資リスクの大きさを考えると、そのために支払う代償は大きいことを認識するべきであると考えている。

第7章

欧州のガス供給の
安全保障と
統一卸売市場設立

7.1 欧州の天然ガス

欧州では1964年頃よりオランダのフローニンゲンガス田が開発され、オランダ国内はもとより西ドイツやイタリアに輸出されてきた。しかし、欧州の本格的天然ガス事業は当時の西ドイツによるソ連の天然ガス導入に始まると言っても言い過ぎではない。物語は、1969年にヴィリー・ブラント（Willy Brandt）が西ドイツの首相となり、『オスト・ポリティーク（東方政策）』を開始したことに始まる。『東方政策』とは第二次世界大戦の後に残った領土問題の解決とエネルギー問題を同時に解決する大変大きな政策転換であった。しかし、ドイツの場合、エネルギー問題とは天然ガスパイプラインの敷設問題であり、領土問題とは切っても切り離せない解決しなければならない課題であった。

折しも日本では、1972年に内閣総理大臣となった田中角栄が、日中国交正常化と同時にソ連との関係改善に力を尽くした。サハリン開発は、日ソ経済協力の一環として行われた。1974年にサハリン石油開発協力（SODECO）が設立された。日本政府はSODECOを通して、USD 277 millionをソ連政府に融資し、ソ連政府の石油開発公団から原油で支払いを受けるという『融資買油』という形態をとった。

1977年から1984年にかけて行われた石油探査の結果、7カ所のガス田が発見された。そのうちOdoputとChaivoの2カ所は日本側により発見され、残りのArkutun-Dagi、Lunscoye、Pilton-Ashtokh、Veninskiy、Kirinskiyの5カ所はソ連側によって発見された。当時、ガス田は油田に比べて多額のインフラ投資が必要であり需要も限られていたため『はずれ』とされた。また、日本には海洋ガス田の開発を行うノウハウが無かったため、開発が滞った。サハリン開発はその後、以下の三つのグループにより開発が継続された。

サハリン1
ソ連の崩壊後の1995年にSODECOは清算されたが、Odoput、

Chaivo、Arkutun-Dagi の 3 カ所のガス田は、新 SODECO に引き継がれた。新 SODECO は利権の一部をエクソンに売却し、エクソンをオペレーターとして、ロシア国営石油会社 Rosneft とともにコンソーシアムを形成した。オペレーターのエクソンは 1995 年にロシア政府との間で生産物分与契約（PSA）を締結しガス田開発を再開した。当初、宙水層と考えられていた地層が油層であることが判明したため、油層の圧力を維持するために、ガス開発を遅らせ、原油開発を優先させることになった。2003 年にハバロフスク州の De-Kastri に石油ターミナルと、ガス田からターミナルまでの石油輸送パイプラインの建設を開始、2006 年に完成された。石油輸出施設は流氷を考慮した SBM 形式で 110,000DWT の Aframax 級の専用タンカーが原油輸送にあたっている。ガス生産に関しては現在のところ未定となっている。

サハリン 2

Lunscoye と Pilton-Ashtokh は、1992 年の国際入札の結果、三井物産、McDermott と Marathon Oil の 3 社のコンソーシアムが開発の権利を獲得した。三菱商事と Shell が新たにコンソーシアムに参加した。1994 年にサハリンエナジー社が設立され、ロシア政府との間で生産物分与契約（PSA）が締結され 1996 年から本格的な開発が始まった。1997 年に McDermott が他の出資メンバーに株式を譲渡し撤退した。1998 年、Pilton-Ashtokh 油田に Molikpaq という流氷下でも稼働できるプラットフォームを設置し、原油開発が開始された。そして 1999 年に最初の原油が出荷された。2000 年、Marathon Oil が、サハリン権益を Shell に譲渡し撤退した。このとき Marathon Oil は自己が保有するサハリン権益と Shell が保有するメキシコ湾の石油権益を交換する形をとった。Marathon Oil の撤退と同時に Shell がオペレーターとなった。2006 年に環境問題で開発が中止になる危機を迎えたが、2007 年にこの危機をとらえてガスプロムがサハリンエナジー社の株式の 50％＋1 株を取得した。2009 年 2 月に LNG 年間生産量 960 万トンの LNG プラントが完成し、3 月に最初の LNG が出荷された。

サハリン3

　Veninskiy と Kirinskiy は、1993 年テキサコとロシア国営石油 Rosneft のグループが国際入札で開発の権利を獲得し、開発が開始された。しかし、水深が100 m以上と比較的深く、流氷下での開発には困難が伴った。結局開発に関する権利は 2002 年に放棄された。2005 年にロシア政府はサハリン3を戦略的ガス田に指定し開発の権利を Gazprom に与えた。

　Gazprom は流氷の問題を解決する最新技術である Subsea Hydrocarbon Production 方式を採用し、2014 年に Kirinskiy ガス田の商業生産を開始した。さらに同ブロックではガス田の発見が相次ぎ、2010 年に Yuzhno-Kirinskoye ガス田、2011 年に Mynginskoye ガス田、2016 年に Yuzhno-Lunskoye ガス田が Gazprom によって発見された（**図7−1**参照）。

出所：Gazprom

図7−1　サハリン3　開発状況

　現在、サハリン3で生産されたガスは、ハバロフスク－ウラジオストクパイプラインにより極東ロシア地域に供給されている。さらに東シベリアの大規模ガス田である Chayanda より中国にガス供給を行う

"Power of Siberia" パイプラインに接続され中国に供給される計画である（**図７－２参照**）。なお、ロシア政府はサハリン３を日本に対する戦略的ガス資源と位置付けたが、日本政府は興味を示さなかったと言われている。

出所：Gazprom

図７－２　極東ロシアのガス開発とガスパイプライン

　さて、日本が提唱した融資買油方式は現在中国に引き継がれ、中国の基本的な資源調達の手段となっている。2009 年 2 月にロシア政府と中国政府は、極東石油（ESPO）パイプライン（**図７－３参照**）に関し、以下の協定を締結調印した。

・中国開発銀行：ロシア Rosneft および Transneft に融資
　融資額：$25 Billion
・中国側パートナー：CNPC
（China National Petroleum Corpotration）
・融資期間：2011 － 2030（20 年）
・返済：日量 30 万バレルの原油

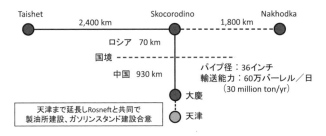

ESPO Pipeline 全長：4,185 km

Taishet — 2,400 km — Skocorodino — 1,800 km — Nakhodka

ロシア　70 km

国境

中国　930 km

パイプ径：36インチ
輸送能力：60万バレル／日
（30 million ton/yr）

大慶

天津

天津まで延長しRosneftと共同で
製油所建設、ガソリンスタンド建設合意

図7－3　ESPO（East Siberia Pacific Ocean）石油パイプライン概要

　このプロジェクトにより中国は 30 万バレル／日の原油を $20 ／バレルで 20 年間にわたり享受できるようになる。

　さて、その後のサハリン 1 プロジェクトであるが、エクソン（30％）、新 SODECO（30％）、ロシア Rosneft（当初 40％、2001 年にインド ONGC に半数を譲渡）の 3 社のコンソーシアムのまま JV となることは無かった。ロシア政府との契約事項はオペレーターであるエクソンが主体であり、すべての決定権はエクソンにあり、他のメンバーはエクソンに従う“金魚のフンの”ような存在でしかなかった。このため、日本側が自己主張をする場合にはそれを上回る権力、即ち政治力に頼るしかなかったと言われている。

　1998 年にエクソンは中国ルートの企業化調査（FS）を開始した。他方日本側は 1999 年に日本政府の特殊法人を筆頭株主として日本サハリンパイプライン調査企画会社を設立し FS を開始した。2001 年には商業化宣言が行われた。当時の新聞報道によると 40 億円をかけて行った FS であるが、オペレーターであるエクソンやロシア政府には示されなかったと言われ、幻の FS と評された。2002 年 6 月に企画会社から日本サハリンパイプライン株式会社に社名を変更し事業会社としての体裁を整えた。2003 年 12 月、特殊法人は、パイプライン建設のための資金調達を目的に東京証券取引所市場第一部（東証一部）に上場された。

他方エクソンは、2004 年 6 月にハバロフスクの電熱供給公社とガ
ス供給に関する基本契約を締結しさらに同年 8 月には中国 CNPC と
の間で供給に関する MOU を締結した。同年 11 月にエクソンは経済
産業大臣を訪問し中国ルートを採用することを正式に通達した。この
ため、日本サハリンパイプライン株式会社は急遽解散および清算され
ることになったと言われている。その後サハリンガスプロジェクトは
幾度か政治的な話題となったが、日本側はオペレーターであるエクソ
ンの同意なくしての計画は成り立たないことを理解していなかった。
相互の不信は今日も続いたままであると言われている。

　全体として、日本のサハリン開発は多大な時間と資金を使いながら
失敗に終わったと結論付けて良い。本来はロシア政府と共同で極東ロ
シア全体の開発のマスタープランを提供するべきであった。サハリン
開発においても当時のテキサコが提唱した共通インフラの建設を推進
するべきであった。

　サハリンやシベリア開発と関連し石油関連産業を誘致する予定で
あった苫東開発は、田中角栄が夢見たようにはならなかった。彼の志
は評価されることなく潰えてしまった。

　さて、日本とドイツの対応の違いを比較する意味もあり、長い前座
となったが、話を戻して、冷戦の最中の当時、ブラント首相の『東
方政策』は国民の全面的な支持を受け遂行することができた。領土
問題に関しドイツは、1945 年にポツダム宣言を受け入れ、Alsace と
Lorraine をフランスに、Oder-Nisse 線の東側をポーランドに、東ポー
ランドとカントの生まれた東プロイセンの中心地 Konigsberg をソビ
エトに割譲し、結果として 10 万 3,600 ㎢の領土を失った。これは第一
次世界大戦後のベルサイユ体制で確定していた領土の 23％に相当す
る（図 7 － 4 参照）。

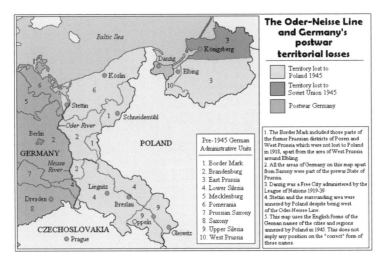

図7－4　ポツダム宣言によるドイツ領土割譲

　社会民主党のブラントは、1969年の総選挙で勝利を得た。ブラントは首相就任後、直ちに『東方政策』を開始した。1970年、『ソ連＝西ドイツ武力不行使協定』（ソ連はコスイギン首相）および『ソ連＝西ドイツ天然ガス開発協定』に調印した。同時に同年『西ドイツ＝ポーランド条約』を締結し、Oder-Nisse線を国境とすることを西ドイツが承認した。1972年、『東西ドイツ基本条約』を締結し、両国国境の承認とポーランドとの国境のOder-Nisse線の確認を行い、東西ドイツの関係改善を行った。1973年には、念願であった東西ドイツの国連への同時加盟を実現させた。1972年12月のクリスマスに最初のロシア天然ガスが西ドイツに導入された。

　しかし、ブラント首相は、私設秘書が東ドイツのスパイであったことの責任を取り、1974年5月に首相の座を辞することになったが、彼の『東方政策』はその後の政権にも引き継がれていった。

　1989年11月、東ベルリンと西ベルリンを隔てる壁が壊され、東西ドイツ統合の機運が高まるとともに東ドイツの崩壊が現実のものとなった。

ドイツの東西統合の過程にも大変興味深いものがある。ドイツは元々諸侯の入り乱れる中小国家の集合体であった。統一の機運が高まりとともに1834年ドイツ関税同盟が締結され、経済統合が進行していった。そして1871年にプロイセンを中心に統一国家であるドイツ帝国が発足した。

　1989年の東西ドイツ統合に際しても最初に経済統合が行われた。1990年7月に東西ドイツの通貨の換算レートが設定され、通貨の統合が行われた。これにより両国の経済が統合された。同年10月に東西ドイツの政治統合が正式に発表された。なお首都がボンからベルリンに移された背景には、首相になる前には西ベルリンの市長であったブラントが尽力した。

　さて、通貨統合の前にやらなければならないことがあった。それは、東ドイツにあるすべての国営企業の資産の保全と運営の継続、従業員の生活の保護、そして民営化をほぼ同時に達成することであった。価値観を異にする共産主義の非効率な計画経済から自由主義経済に移行するにあたり、詳細な道筋は何もなかったが、英国の信託の仕組みが唯一の選択肢と考えられるに至った。このため、統合に先立ち1990年6月にTreuhandanstalt、英語でTrust Agencyが設立された。

　Treuhandanstlatは、東ドイツの官僚組織を含むすべての資産の保有運営のための受け皿として設立された。設立後直ちに8,500社にのぼる国営企業、240万haの農地と森林、東ドイツの軍隊の施設、公共施設などの所有者となった。さらに政治統合の1990年10月には東ドイツの政府組織もその管理下に入った。1994年に役割を終えるまでに国営企業の民営化の過程で資産の整理が行われた。そして、1万4,000社が売却された。残務は後継の企業に引き継がれた。民営化の過程で400万人の労働者のうち250万人が職を失うことになった。これには、民営化だけではなく、通貨統合による換算レートの設定の問題も絡んでおり、民営化にのみ責任を押し付けられない面がある。東ドイツの通貨価値が西ドイツマルクに対して高く設定されたために、

品質と価格の面で劣る東ドイツの製品が売れなくなり、企業倒産が相次いだことも要因として挙げられている。

　ドイツの統合は、結果的には最短の期間で成功裏に終了した。この東西ドイツ統合の成功の結果、ドイツにグローバリゼーションがもたらされ、国内的には東側ドイツの大きな市場を手に入れ、さらなる市場の開拓、即ち EU の拡大の原動力となった。

　東西ドイツ統合にあたり、日本にも協力が求められた。新生ドイツ政府は、日本も東ドイツの資産を買ってくれるものと期待していたが、日本からの支援は無かった。ドイツ政府はドイツ銀行が戦後の日本の国債を買い支えたことを知っており、その落胆は大きかったと考えている。結果として、ドイツはアジアでのパートナーに中国を選んだ可能性がある。

　さて、エネルギー問題解決のための次の懸念はポーランドとの関係であった。ポーランドとの国境に関して 1993 年、ドイツ−ポーランド条約が締結され、国境が正式に Oder-Nisse 線とすることで合意された。これに合わせて、ロシア−ポーランド−ドイツ・パイプライン（JAMAL）の建設に関する Agreement が政府間で締結され、1999 年に完成、運転が開始された。

▌7.2　国境を跨ぐパイプラインの枠組み

　1970 年の西ドイツ−ソ連天然ガス開発協定のパイプラインの建設に係る枠組みは画期的であった。この仕組みは、その後の国境を跨ぐエネルギーインフラの基本形となり、エネルギー憲章につながっていった。

　建設に当たっては、パイプラインが通過する国々の間で Host Country Agreement が締結され、プロジェクトの開発主体の資産の保有権の不可侵が保障された。ドイツ国境までのパイプラインの所有権は、51％がソ連で、残りが西ドイツとなった。ガスの所有権に関し

ては100％ソ連で、ドイツの国境で所有権の移転が行われた（**図7－5**参照）。

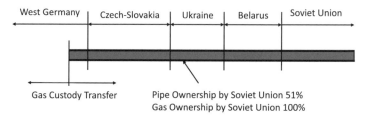

図7－5　ソ連－西ドイツパイプラインの仕組み

1991年にソ連が崩壊するとソ連とドイツ或いは西ヨーロッパの間に多くの独立国が生まれた。こういった動きに対し、EUは、エネルギーインフラを政治リスクから切り離すために、ソ連・西ドイツとの協定を基本に、政治宣言としてEnergy Charter（エネルギー憲章）を採択した。

1994年、Energy Charterは国際条約に格上げされ、Energy Charter Treaty（エネルギー憲章）として1998年に発効した。これは多国間に跨るエネルギーインフラの在り方と安全保障に関する枠組みを示したものでTrans-European Networkを支える重要な協定となった。そして、統合された欧州のマーケットがこういったネットワークに支えられて発展するための基礎となった。

現在、日本を含め51カ国が署名し、さらにオブザーバー国として20カ国とASEANが参加している（**図7－6**参照）。

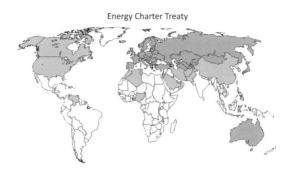

Energy Charter Treaty

図7-6　Energy Charter (エネルギー憲章) 署名国

　エネルギー憲章は、二つの合意書で構成されている。一つは Inter-Government Agreement (IGA)、もう一つは Host Country Agreement (HCA) である。

　IGA は、プロジェクトが行われる政府間の協定で、国家間の国境をまたぐエネルギーインフラの資産の保全、プロジェクトの円滑な実行を保証する環境の提供、HCA の厳守がうたわれている。HCA は、プロジェクトの当事者とプロジェクトが行われる国の政府との間で締結される協定書で PSA (Product Sharing Agreement) と同じ性格のものである。プロジェクト当事者の権利と特権が定められ、プロジェクトが行われる Host 国の役割と関連するリスクが明記されている (図7-7参照)。

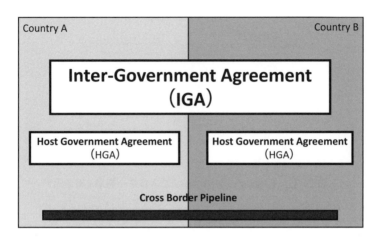

図7-7　Energy Charter を構成する合意書

7.3　ウクライナ問題と Energy Charter Treaty

　2006年、順調に見えたロシアと欧州の関係もウクライナ問題が影を落とすことになった。ロシアのガス価格には、欧州向け価格、FSU向け価格、ロシア国内価格の3種類がある。FSU向けにも格付けがあり、NATO参加国と非参加国の区別がある。ロシア国内価格もさらに商業用と公共用に分かれている。ロシアのガス輸出価格は2国間協定を基本として定められてきた。輸出用ガス価格は次のように分類される。

　Aグループ：EU向けガス価格

　Bグループ：バルト3国（NATO加盟国）およびモルドバ向けガ
　　　　　　　ス価格

　Cグループ：アルメニア、ベラルーシ、（ウクライナ）

ウクライナは2008年まではCグループであった（**図7-8**参照）。

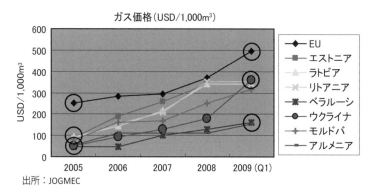

ガス価格（USD/1,000m³）

出所：JOGMEC

図7−8　ガス価格の格差

　ウクライナのNATO加盟問題を受け、ロシアはウクライナのガス価格を親ロシア国価格Ｃグループから欧州向け価格に値上げしたことやガスプロムによるウクライナでのパイプライン保有問題が欧州を揺るがすガス供給問題の発端となった。

　１回目のガス供給危機は、2006年１月に起こり、欧州へのガス圧力低下が３日間続いた。２回目は、2008年のロシアとの価格交渉で、ロシアの提示価格 \$250 ／ 1,000m³に対しウクライナ主張価格は、\$235 ／ 1,000m³で値段交渉は決裂した。2009年１月１日、ロシアはウクライナ輸出分を減量し欧州にガスを供給した。同月５日、ウクライナによるガス抜き取りのために欧州へのガス供給量が減少し、同月７日にはガス供給は完全停止された。その後、同月17日にモスクワで関係国の首脳会談が行われ、ガスの供給が再開されたのは同20日であった。結局、ウクライナへのガス供給価格は \$340 ／ 1,000m³で合意された。

　ウクライナの外貨の収入源は尿素の輸出にあった。国際競争力を保つためには安価なガスが必要であったが、ウクライナは価格合意がないままに、欧州を人質に取った形でガスの抜き取りを行ったことが事件に発展したものであった。この結果、厳冬期の欧州諸国にガス不足

の事態が発生し大きな影響を与え、Energy Charter Treaty（エネルギー憲章）の根幹を揺るがすことになった。

　ウクライナは年間 350 万トン程度の尿素を輸出し欧州におけるマーケットメーカーであったが 2010 年を境にマーケットメーカーとしての地位を失い始め、2017 年には 47 万トンに激減した（**図７−９**参照）。

出所：IFA

図７−９　ウクライナの尿素輸出

　なお、ウクライナという国は歴史的に、西部はポーランド・リトアニア連合王国の流れを汲み、東部はコサックによる開拓の歴史を持つ地域で、ソ連邦フルシチョフ首相時代に人為的に作られた国であるという面も知っておかなければならない。

▌7.4　ドイツのパイプラインシステム

　ドイツのパイプラインシステムはドイツとロシアの戦略的パートナーシップにより建設整備され、欧州においてハブ的役割を果たしてきた。1990 年にドイツの化学会社 BASF の 100％子会社 Wintershall とロシアの国営ガス会社 Gazprom の間でガスパイプライン建設と運営に関する合意が締結され、1993 年ドイツ国内のパイプライン建設

と運営を行う Wingas（Wintershall 65％、Gazprom 35％）が設立された。

2003年にEUの Gas Directive（2003/55）により最初の自由化が推し進められ、1）工業・商業用利用者に対する小売参入の自由化、および2）ガス事業の法的機能分離と Transmission System Operator（TSO）の設立が定められた。

2006年に Wingas Transportation が設立され、そこにこれまで建設された JAGAL、STEGAL、MIDAL、WEDAL、RHG等のパイプライン資産が集約された。2007年に Wingas に対する出資比率が Wintershall 50.02％、Gazprom 49.98％に変更された（**図7－10**参照）。

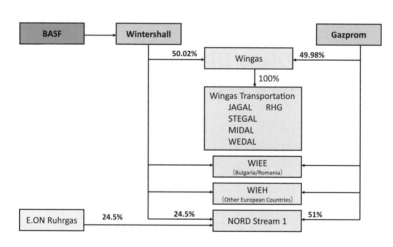

図7－10　ロシア－ドイツ戦略的パートナーシップ（2007年）

以下に Wingas のパイプライン資産を示す（**図7－11**参照）。

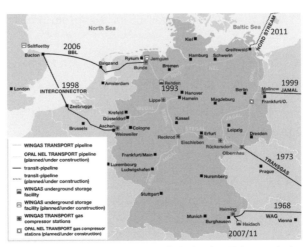

図7−11　Wingas Pipeline 資産（ドイツ国内のライン）

▌7.5　EUのGas Directiveと　ガス市場の自由化

　2009年に発効したEUのGas Directive（指令）（2009/73/EC and Regulation 715/2009）は、EU域内のガスマーケット創設に関する原理原則を示したものであった。それは1）Third Party Access、2）Unbundling、3）Transparency、4）Non-Discriminatory Tariff Regulation 以上の4項目から成っている。

　さらに2009年9月、ガスマーケット創設のための Third Energy Package が施行された。この Third Energy Package では以下の5項目が定められた。

1）Unbundling：独立した Independent System Operator の設立
2）Independent Regulators：独立した監督機関の設立
3）Agency for the Cooperation of Energy Regulators（ACER）：国境を超えるパイプラインの調整機関の設立
4）Cross-Border Cooperation：国境を越えてシステムを運営

する 機 関 で、European Network for Transmission System Operators for Electricity（ENTSO-E）および European Network for Transmission System Operators for Gas（ENTSOG）の設立
5）Open and Fair Retail Market：消費者の権利の確認

2009 年に発効したこの EU Gas Directive（指令）に基づき、垂直統合されていたガス供給会社は解体され、ビジネスとインフラは完全に分離された。インフラは、Independent System Operator（ISO）と呼ばれる非営利法人のパイプライン運営会社となり、これにより保守点検と運営が行われるようになった。2012 年には Wingas の改編が行われ、基本的にはインフラ会社とトレーディング会社に分離された。Wingas Transport は GASCADE として、Independent System Operator（ISO）となった。2015 年 BASF は、Wintershall の株式と Gazprom の西シベリアのガス田利権を交換することに合意し、その結果、Wintershall は、Gazprom が 100％保有することになった（**図 7－12** 参照）。

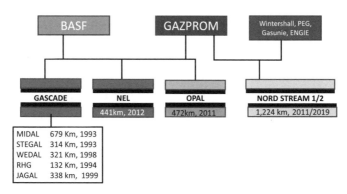

図7－12　ドイツのISO

Nord Stream 1 は域外パイプラインとして EU Gas Directive の対象外となっている。しかし、Nord Stream 2 では EU 構成国の間で議論が分かれ、ロシアガスの供給の独占的な性格に対して規制の対象に

するべきであるという議論が起こっている。これを主張する国はポーランドやバルト3国などで、とりわけポーランド国内を通るロシアとドイツを結ぶ JAMAL パイプラインによる安定供給についての保証を求めている。さらにドイツを除いた EU 各国には Nord Stream 2 が完成するとロシアガスへの依存度がさらに高まること対する警戒感もあると言われている。

　実際、ロシアへの依存度は年々高まり、2018 年に Gazprom は EU のガス需要 458BCM に対して 194BCM を供給している。これは EU のガス需要の 40％、輸入量の 60％に相当する。

　Trans Adriatic Pipeline（TAP）は、カスピ海の Shah Deniz 2 ガス田（アゼルバイジャン）からトルコを経由しイタリアに至る新たなパイプラインで、南部ガス回廊（Southern Gas Corridor 或いは SGC）とも呼ばれ、2015 年より建設が始まった。2020 年に完成予定である。SGC は、カスピ海のガスをヨーロッパにもたらすもので、EU のエネルギーの安全保障を補強する意味では大変重要である。SGC は全長 3,500km に及び七つの国を通過し、10 社以上のエネルギー会社によって運営される世界も類を見ない運営形態のパイプラインとなっている。SGC は、以下に示すプロジェクトで構成されている（**図7－13** 参照）。

　1）The Shah Deniz 2 ガス田開発
　　BP（28.8％）がオペレーター。その他参加 SOCAR（16.7％）、PETRONAS（15.5％）、Lukoil（10％）、NICO（10％）、TPAO（19％）
　2）カスピ海ガスの精製プラント Sangachal Terminal の増強
　3）三つのパイプラインプロジェクト
　　・South Caucasus Pipeline（SCPX）－アゼルバイジャンおよびグルジア
　　・Trans Anatolian Pipeline（TANAP）－トルコ
　　・Trans Adriatic Pipeline（TPA）－ギリシャ、アルバニア、

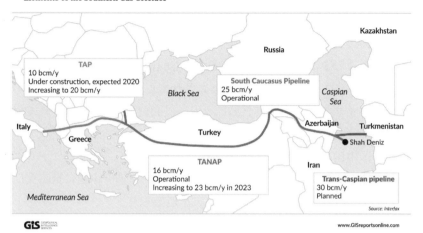

Elements of the Southern Gas Corridor

出所：Trans Adriatic Pipeline Company

図7−13　SGCプロジェクトルート図

　イタリア

４）イタリア国内のパイプラインネットワークの補強

　TAP パイプラインおよびイタリア Grid Operator の Snam Rete Gas とベルギー Grid Operator である Fluxys は、英国とのガスマーケットに接続することに合意しており、カスピ海ガスの市場価格化が行われることが明白となっている。近い将来、イラクやイランのガス、さらにはカタール、トルクメニスタンやウズベキスタンのガスがこのパイプラインを通して欧州に流れることは想像に難くない。

　ロシアはこれまでトルクメニスタンやウズベキスタンを自国の裏庭と考え、安価にガスの調達を行ってきたが、これらの国々からガスが直接欧州に向けて流れることになる。これはロシアにとっても大きな経済的脅威となってきている。ロシアガスの優位性が失われるからである。

　2018 年の BP 統計によるとトルクメニスタンのガスの埋蔵量は、ロシア、イラン、カタールに次ぐ世界第４位となっている。トルクメニスタンやウズベキスタンに跨がるアムダリア堆積盆のガス田

（Dzharkak ガス田および Dauletabad ガス田）開発と関連する天然ガスインフラの建設は、ソ連政府により 1960 年代から開始された。これらのガス田で生産されたガスはトルクメニスタンからウズベキスタンおよびタジキスタンを経由する Central Asia Center（CAC）Pipeline で、ロシア Gazprom に販売されている。支線を含めたこの地域のパイプライン網は実質的には Gazprom によって運営されている。

　一方、中国の CNPC はこの地域への関与を強め、2009 年にトルクメニスタンからウズベキスタンやカザフスタンを通り中国に至る大口径パイプラインを建設し、ガスの導入を開始した。

　現在、トルクメニスタンからアゼルバイジャンの Baku に接続するカスピ海横断パイプラインが計画され、トルクメニスタンやウズベキスタンのガスが、BP が運営する南コーカサスパイプラインを通してヨーロッパへ流れる日が来ようとしている。現在、中央アジアはガスをめぐってロシア、中国、ヨーロッパの競合状況にある。

　ロシアは TAP および Nabucco パイプライン（トルコ国境からオーストリアに至るパイプライン）に対抗するために中央アジアのガスを黒海からブルガリアへの South Stream を推進してきたが、建設の目途が立たずプロジェクトは解散された。Nabucco パイプラインも Shah Deniz 2 ガス田が TAP にガスを供給することを決めたためにキャンセルされた。なお、Nabucco とは古代バビロニアのネブカドネザル王のことでヴェルディのオペラの題名でもある。その中の「行け、我が想いよ、黄金の翼に乗って」はイタリアの第 2 の国歌とも言われ、イタリア人の愛国心をくすぐる歌でもある。このオペラが初演された当時は、イタリアはオーストリア帝国の支配下にあり、この歌は独立の歌でもあった。イタリア人にとって Nabucco パイプラインがトルコ－オーストリア間に敷設されるのが許せなかったのかもしれないと想像する。

　Nabucco プロジェクトが無くなったため、ロシア政府および

Gazprom は再び South Stream を復活させようとしていると言われている（**図7－14**参照）。

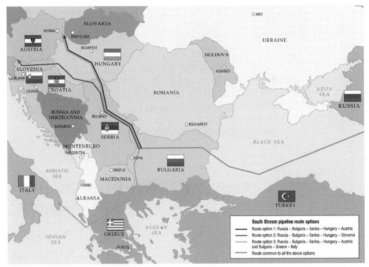

出所：Gazprom

図7-14　ロシアSouth StreamおよびNabucco Pipeline ルート図

　2018年現在、LNG の輸入に関しては、EU はガス輸入量の22％、需要量の15％程度を LNG の輸入で賄っている。EU の LNG 輸入は、European Federation of Energy Traders（EFET）によるマスター標準売買契約書（Master DES LNG Sale and Purchase Agreement）によってスポットを基本に行われているが、これには仕向け地（Destination）規定は含まれていない。この契約書により EU は LNG の供給に大きな自由度を獲得した。

7.6　ドイツのもう一つの顔

　ドイツとロシアの関係は長くて深い。歴史的にも多くの移民が行われてきた。最もロシア的な女王であったエカテリーナはドイツ小貴族の娘であったが、ロシアの発展に大きく貢献した。ガスプロムの総裁

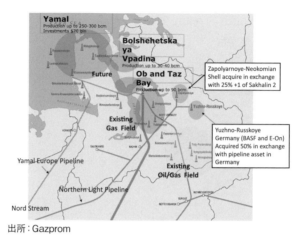

出所：Gazprom

図7-15　西シベリアのガス田開発とドイツの役割

のミレル氏はドイツ系である。ドイツはエネルギー資源確保に、ドイツの持つパイプライン資産とロシアのガス田資産を交換するという方法でロシアのガス資源を手に入れてきた。ロシアにとっては、資産交換が外資による自国ガス資産保有を受け入れる唯一の論拠であった。

　BASF 社は 100％子会社の Wintershall 社を通じて Gazprom と共同でドイツ国内のパイプラインを運営してきたが、2007 年、Wingas 社の Gazprom 保有分を 35％から 49.98％に引き上げ、代わりに Gazprom の Yuzhno-Russkoye ガス田の25％－1株の権益を取得した。この際に同時にドイツガス会社の E-On が同ガス田の 25％－1株の権益を取得している。この例ではドイツが大規模ガス田の 50％－2株を取得したことになる。

　2015 年に BASF は保有する Wintershall の株式のすべてを Gazprom に譲渡した際に、E-On とともに、西シベリアの Yuzhno-Russkoye のガス田の 60％を手に入れた。これは実際には欧州へのガスの安定供給の保険となっている。

　なお、Shell は 2005 年の Gazprom によるサハリン 2 の株式取得に際し、サハリン 2 の権益の一部（25％＋1株）と Gazprom 保有する西シベリアの Zapolyarnoye ガス田の Neokomian 層を交換している。

これらのガス田で生産されたガスは Northern Light Pipeline を通じ Nord Stream 1 パイプラインに接続され、欧州市場へ向けて送られている（**図7－15** 参照)。

7.7　ドイツのガス価格と市場化

　ドイツのガス価格は、ロシアとのガス価格協定により、長期契約（20年）に基づく軽油と重油の市場価格（バスケット価格）が基本であった。なお当初は石炭価格も加わっていたとされている。バスケット価格フォーミュラは次のように示される。

　　$P = P0[A \times GO / GO0) + (1 - A) \times (FO / FO0)]$

　　　P：　　　ガス価格
　　　P0：　　　契約時のガス価格
　　　GO：　　　軽油市場価格
　　　GO0：　　　標準軽油市場価格
　　　FO：　　　重油（HFO）市場価格
　　　FO0：　　　標準重油（HFO）市場価格
　　　A：　　　係数、0.4 － 0.5

　パイプラインの延伸とともに英国と大陸を繋ぐパイプラインが建設され、Gazprom は、2006 年より英国に市場価格でガスの輸出をはじめた。しかし、ベルギーと英国を繋ぐパイプライン Interconnector を通じて欧州にも英国の NBP 価格のガスが流出し始め、Gazprom の欧州への石油製品リンクのパイプラインガス価格にも大きな影響を与えることになった。

　ロシアのガス供給は2国間協議が基本であったが EU の自由化とともにロシアの目論見が大きく外れてしまった。結果として、EU は市場価格での購入することになり、ロシアは市場占有拡大と量の確保に力を入れ始めた。2010 年を境にドイツのガス価格は NBP 価格に沿う

ような形となった（図7－16参照）。

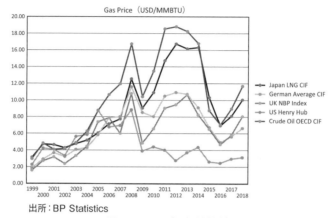

出所：BP Statistics

図7－16　ガス価格比較

　ドイツのガスハブ形成について述べると、ドイツのガス供給はロシアに依存し、価格は長年にわたり石油製品にリンクされてきたが、先行した英国のガス市場形成の成功を目の当たりにし、石油価格とのDecouplingが課題となっていた。また国内に供給されているガスには、高カロリーガスと低カロリーガスがあり、其々供給ゾーンが決められていたこととパイプラインインフラも低カロリー用と高カロリー用に分かれて運営されていたため、ガスハブを形成するにはこれらをどのように統合するかが課題となっていた。2003年に発効したEU Gas Directive（2003/55/EC）により、ガス事業の全面自由化が開始され、オランダのTTFと同様に、バーチャルなトレーディング機関として二つのガスハブが形成されてた。即ち、ドイツ南部の市場を持つNetConnect Germany（NCG）と北部に市場を持つGASPOOL（GPL）である。しかし、現在のまでのところTTFほどの流動性には欠けるとされている。

7.8 Gazprom

　Gazprom は、1989 年に旧ガス工業省の企業が母体となって設立された。1991 年 11 月 5 日のロシア大統領令および、翌 1992 年 2 月 17 日のロシア内閣の決議によって、Joint Stock 会社 Gazprom として発足した。ガスプロムグループ内には、ガス輸送・採掘部門のほかに、海外へのガス販売を目的とした Gazprom Export 社と、国内ガス販売を目的とした Mezh Region Gaz 社に加え、ガスプロム銀行を筆頭に複数の金融機関が存在している。

　Gazprom は、2004 年大統領令 No.1009 により戦略的会社として登録され、2006 年 7 月単一ガス輸出法によりガスの輸出の権限が Gazprom に一元化された。2008 年 5 月、戦略的資源の開発に関する法律が制定され、大規模油田・ガス田は戦略的資源として Gazprom に入札無しで付与された。

　しかし、国内市場へのガス供給の義務も負っており、またガス販売価格がガス生産コストよりも低く、逆ザヤの状況が続いている。Gazprom Annual Report 2010 によるとガス生産価格 $3.74 ／ MMBtu に対し、ガス国内平均供給価格 $2.27 ／ MMBtu となっている。その価格差を EU へのガス販売利益で補てんする構図になっている。

　Gazprom は、EU にとって最大のガス供給者である一方でその価格についてはロシア政府からの補助金で支えられていると言われている。ガス供給にしても 2 国間協定を基本としているが EU に市場が出現したために大きな政策変換を求められている。国内的には、生産コストと販売価格の逆ザヤの状況が続いており、国内のガス価格是正は避けられない状況となってきているが、各州政府の反発も大きく改革が滞っている。Gazprom Mech Region Gaz は 2006 年から 2008 年にかけて国内ガスの価格是正のために電子取引のための Electronic Trade Platform（ETP）を使用した国内卸売市場の検証を行い、成

功裏に終了し、2010 年に Gazprom 銀行と一緒に商業的運営に移行す
るためのソフト開発を行った。しかし、まだ実施には至っていない。

第 8 章

LNGの契約と
価格設定

8.1　LNG契約の歴史

　1959年、最初の商業規模のLNG（5,000㎥）が、Methane Pioneer号により米国ルイジアナ州のConstock LNG製造プラントから英国Canbey Islandへ運搬された。Methane Pioneerは第2次世界大戦の末期に建設された貨物船であったが、LNG運搬専用船に改造され、最初のLNG専用船となった。

　1964年アルジェリアの国営ガス会社SonatrachによりArzewに最初の本格的なLNG製造プラント（年産30万トン×3トレイン）が建設され、生産が開始された。ShellによりLNG運搬のための専用船、Methane PrincessとMethane Progressの2艘が建造され、British Gasによって運用された。LNGは、英国Canbey IslandのLNG専用ターミナルに導入された。

　当時、都市ガスは、石炭の乾溜により製造された合成ガス（水素と一酸化炭素）で、LNGはこれを置き換えるものであった。合成ガスは、LNGと比較して熱量が低くまた一酸化炭素を含むため度々中毒事故が起こっていた。高カロリーのLNGガスを使用することは、拡大しつつあるガスインフラへの投資コストを削減する意味でも大きな効果があった。それは同じインフラで多くのエネルギーの供給が可能となるからであった。

　日本においても1969年に東京電力と東京ガスが共同でアラスカKenaiからのLNGの輸入を開始した。このときの輸入量は年間96万トンであった。現在では年間8,000万トンを消費するに至っている（**図8－1**参照）。

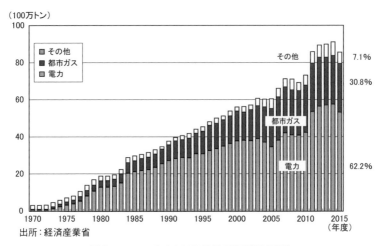

図8−1　日本のLNG輸入量用途別推移

　英国のLNGは都市ガス使用を主目的に導入されたが、日本の場合、都市ガス使用というよりはむしろ発電用ボイラー燃料代替として導入が始まった。1960年後半には公害問題が深刻化し、火力発電所には低硫黄燃料の導入が求められていた。深刻化する公害問題に対して、電力会社は硫黄分が高い重油の代わりにインドネシア産の低硫黄原油（硫黄含有率0.1WT％以下）であるスマトラライトあるいはDuri原油を選択的に使用していた。Duri原油にはナフテン酸が含まれ原油トッピング装置の高温部に腐食を引き起こすために市場価値としては低かった。

　このような背景の下に、最初のLNG契約では、エネルギー換算でインドネシア原油と等価燃料（ICP：Indonesia Crude Price）として価格が合意され、長期にわたり引き取り量を保証することでプロジェクトの開発が開始された。

　しかし、環境問題の深刻化とともにより低硫黄の原油が求められるようになり、スマトラライトは中東原油に対してプレミアム価格で取引されるようになり、プレミアムはバレル当たり2ドルを超えるようになった。

Duri 原油精製には利点があった。低硫黄であり、ナフテン系の原油であったため、重油分（石油コークス）は良質の電極の原料になった。またガソリン成分も割にオクタン価が高かったために改質装置が小さくて済んだ。この原油を精製するためには、トッピング装置を改造（350 度 C の部分にステンレスのクラッド材を使用）すればよかった。その結果 Duri 原油の価格はさらに高騰した。

　このため、LNG の価格ベンチマークに、インドネシア原油に加えて、全日本の輸入原油の平均値を指標とした JCC（Japan Crude Cocktail）が用いられ、やがて主要な Index となっていった。そして Take or Pay の基本形ができあがった。その後の契約では、後述の原油へのリンク度が緩和され、さらに S カーブの導入が行われるなどそれなりに高度に進化させていった。

　LNG の開発では、日本が大変大きな役割を果たしてきた。1970 年当時は、天然ガスは、エネルギーとしての価値は無く、石油開発においてもガスは“はずれ”原油は“あたり”であった。日本の電力およびガス会社はアジアの膨大な天然ガス資源に着目し、メジャー石油や日本の商社と協力し、積極的に LNG の開発と導入を行った。1972 年にはブルネイから LNG がもたらされた。1975 年にはインドネシア・アルンから、1977 年には同国ボンタンやバダックからの輸入が始まった。また、1983 年にはマレーシア・サラワク州からの LNG 輸入が開始された。1970 年当時の全世界の LNG 生産量は年間 200 万トン程度であったが、2018 年までには需要が急増し、年間生産量が 3 億トンを超えるまでになった。日本の LNG 輸入シェアが 2000 年には世界の過半数を占めていたが、2018 年には 26％に減少した（**図８−２参照**）。

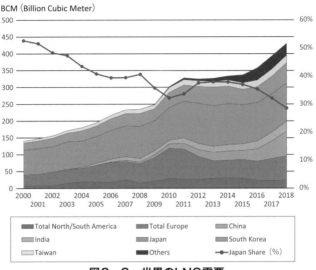

図8-2 世界のLNG需要

　一般的にLNGの開発には多額の費用と開発期間が必要となる。計画時から運転に至るまで約7年以上の期間が必要となる。その間の経済環境の変化は大きなリスクとなる。こういったリスクを開発者側と利用者側で分担し合う仕組みとして、Take or Payが導入された。ガス開発者側（メジャー製油）は、価格を保証し、買主側（日本の電力・ガス会社）は、購入量を保証するもので、互いにリスクを分担し、支えあうというものである。そして、価格の流動化を防ぐために、仕向け地規定が盛り込まれた、

　ガスの開発者側にはもう一つのリスクあった。それは、開発コストの回収であった。これには、開発が行われる国と開発事業者（Contractor）間の生産物分与契約（Product Sharing Agreement － PSA）により、開発コストの回収が優先されるものと決められた。

　以下にリスクマネージメントの仕組みを示す（**図8-3**参照）。

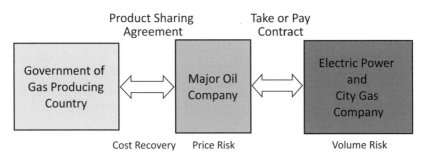

図8−3　LNG開発におけるリスクマネージメント

　生産物分与契約（PSA）はインドネシアで実践された契約書がひ
な型になったと言われている。インドネシア政府とメジャーオイル
（Contractor）の生産物分与契約を**図8−4**に示す。

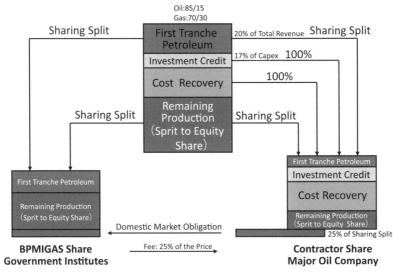

図8−4　生産物分与契約

　政府と Contractor の分与の割合は、石油の場合 70 ／ 30 の割合
で、ガスの場合 85 ／ 15 の割合である。生産量のうち 20％分を First
Tranche Petroleum として生産分与の割合で分け合うものとしてい

る。Investment Credit は毎年 CAPEX の 17% を優先的に回収することができる。生産に必要なコストは CAPEX を含め 100% 回収でき、本格生産に移ったのちは 70 ／ 30 或いは 85 ／ 15 の割合で生産物を分け合うことになる。

　インドネシアの場合、インドネシア国内への供給量を確保するために Contractor 側の生産物の 25% を国内マーケットに供給することが義務付けられている。これを Domestic Market Contribution と呼んでいる。

　現在、ガスのスポット市場の拡大や LNG の供給国の増加とともに、契約も多様化しつつある。LNG の流動化とともに Financial Trading も発達し、多様な LNG の売買契約が可能になりつつある。LNG の生産事業者や需要家の数が飛躍的に増加した今日、欧米では、ガス市場と原油市場の切り離しが行われている。LNG の売買においても市場価格連動が支配的となり、ヘンリーハブや NBP 等のガス市場価連動での購入が可能となっている。

　カタールの LNG はアジアと英国およびヨーロッパの両方に出荷されているが、英国およびヨーロッパ向けは市場価格連動で供給され、他方アジア向けは旧来の原油価格リンクで供給されている。とりわけ日本向け LNG 価格はジャパンプレミアムと言われてきた。

　LNG の契約については大きく分けて、米国型、欧州型、アジア型がある。

▌ 8.2　米国型LNG価格

　米国からの LNG 輸出価格は米国の天然ガス市場の価格（Henry Hub（ヘンリーハブ））をベンチマークとして算定される。現在、米国では 5 カ所の LNG 製造および輸出プロジェクトが進行中であるが、販売方式には Tooling 方式と通常の売買契約方式の二つが併存している。

コーブポイント、キャメロン、フリーポートのプロジェクトでは Tooling 方式で LNG を販売している。これは、Henry Hub（HH）価格に Henry Hub からのガス輸送費と液化コストが付加された価格を FOB とするもので、日本或いは韓国向けは、現在のところ長期契約により供給されている。価格は船ごとにある時点（Cutoff Date）での価格となる。決済は仲介する銀行が発行する Letter of Credit（LC）が基本となる。FOB の価格フォーミュラはプロジェクトによって異なるが、一般的には次のように表される。

　　　Y（$/MMBtu）= 1.15 × HH（$ / MMBtu）＋国内輸送価格
　　　（0.6 ドル程度）＋液化コスト（3 ドル程度）

　HH 価格が 3 ドル / MMBtu の場合、FOB 価格は USD7.05 / MMBtu となり、原油価格の 42 ドル／バレルに相当する。契約には仕向け地規定はないので、転売も可能となる。

　一方、シェニエールは、サビーン・パスとコーパスクリスティに LNG 輸出ターミナルを建設し 2016 年に輸出を開始した。シェニエールは、Henry Hub 価格に液化コストなどを合わせた込々の価格で通常の売買契約（Sales Purchase Agreement）に基づいて販売をしている。

　米国の LNG プロジェクトに関しては何れも Destination Free となっており、これが世界中の LNG プロジェクトに大きな影響を与えている。とりわけオーストラリアの LNG 開発プロジェクトには大きな打撃となった。

8.3　欧州型LNG価格

　欧州ではスポットあるいは、短期契約が中心となり、定型のマスター契約が EU 規定で決められている。そして市場での流動性を促す立場から、仕向け地規制が無いのが原則となっている。場所によって異なるがドイツを中心とした地域では、英国の NBP 価格（市場価格）

に連動した価格での供給が支配的である。NBP 価格は、北海ガス田からの国産ガス、ノルウェーからのガス、ヨーロッパ大陸を経由したロシアガスの競合により価格形成が成されている。英国の Petroleum Review 誌（August 2019）によると中東および米国の LNG とロシアからのパイプラインガスの競合のため歴史的な低価格 3.2 USD ／ MMBtu を記録したとの報道があった。石油製品（軽油と重油）のバスケット価格を基本とした長期価格フォーミュラは過去のものとなっている。

┃┃ 8.4　アジア型LNG価格

8.4.1　日本のLNG契約

　日本を含むアジアでの LNG 長期契約の価格フォーミュラは原油リンクである。Sale Purchase Agreement（売買契約）では、年間の数量、値段（契約時或いは更新時に作成する原油価格に連動したフォーミュラ）、搬入先のターミナルと搬入スケジュールが決められている。決済は銀行が発行する LC を基本としたものとなる。
　値段については、従来からのフォーミュラによると、次のように表現されている。
　LNG CIF 価格（Y）＝係数（a）× JCC（X）＋一定値（b）
　　・Y ＝ LNG 価格（単位：$ ／ MMBtu）
　　・a ＝直線の傾き（原油との連動率を示し、原油等価は 0.165 となる）
　　・JCC（X）＝全日本の原油平均価格（単位：$ ／ Bbl）
　　・b ＝一定値（輸送料等を含む経費）（単位：$ ／ MMBtu）
　なお、JCC は、Japan Crude Oil Cocktail の略

　原油価格は、LNG 価格に大きな影響を与える。そのため、その直

接的影響を緩和するために、原油との連動率が導入された。これは、aに示す傾きで表現されている。

　1990年以降になるが、日本の場合、原油価格の変動に対するLNGへの影響をさらに軽減するために、以下の条項を導入した。またフォーミュラの見直し期間も設定された。

　・原油価格がある設定価格より下落したときに、買主は売主にプレミアムを支払う。
　・原油価格がある設定価格より上昇したときに、売主は買主に割引いた価格で買主に売る。

　このような価格メカニズムは、S字に似ているので、Sカーブとも呼ばれている。その概念図を**図8－5**に示す。

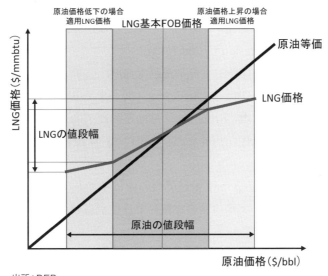

出所：DEP

図8－5　LNG価格フォーミュラSカーブ概念図

　しかし、ガス市場と原油市場の切り離しが行われている中で、LNGの生産者や消費者の数も増加し市場価格連動が支配的となってきている。ヘンリーハブやNBP等のガス市場価連動での購入も可能となっている。

8.4.2　LNG価格フォーミュラ

アジアでの LNG 価格フォーミュラは、原油連動が基本である。以下に示されるフォーミュラは 2003 年当時、種々資料から拾い集められたものである。フォーミュラは原油との連動の強さに応じて大きな違いがある。なお、JCC は、Japan Crude Oil Cocktail の略で原油輸入価格の平均値で、アジアの LNG 価格のベンチマークとなっている。JCC そのものもジャパンプレミアム価格と呼ばれ、欧米に比較すると高く買っていることにも留意が必要である。

日本（CIF）：原油連動度 90%

$$Y\ (\$ / MMBtu) = 0.1485 \times JCC\ (\$ / Bbl) + 0.8$$

日本（インドネシア LNG：CIF）：原油連動度 80%

$$Y\ (\$ / MMBtu) = 0.1364 \times ICP\ (\$ / Bbl) + 1.12$$

ICP：Indonesian Crude Price

中国・広東 LNG（FOB）：原油連動度 30%

$$Y\ (\$ / MMBtu) = 0.0525 \times JCC\ (\$ / Bbl) + 1.55$$

インド Dahej（FOB）Proposed：原油連動度 75%

$$Y\ (\$ / MMBtu) = 0.127 \times JCC\ (\$ / Bbl)$$

LNG 価格フォーミュラは相対契約の中に示されているので公開されない。このため、実際の価格比較および検討は容易ではない。

8.5　日本での市場創設の論議

日本においてもガス市場整備の動きが政府主導で開始された。2014年に LNG 先物市場協議会が開催され、現金決済型 EFP（Exchange of Futures for Physicals）取引による先物市場設立を優先することが決められた。

EFP 取引とは、大量のヘッジ・ポジションを建てたり、解消した

りする場合、先物市場に大量の売り注文や買い注文を入れると、自ら
の注文発注によって価格が不利な方向に動いてしまうことがあるた
め、現物取引が背後にあるといった一定の条件の下に、先物の買いと
売りを個別競争売買を介さずに、取引所へ申し出て、その承認をもっ
て先物取引を成立させる方式のことである。(東京商品取引所) LNG
先物市場協議会では市場化に向けた課題として、以下が提示された。
　　1) 標準品の定義が難しい。
　　2) 価格 Index の導入が必要である。
　　3) 現物引き渡しの場所が不明である。(現実的には無い)
　　4) LNG の流動性が無い。
　　5) 取引仲介機能が欠如している。
　　6) 清算機関が欠如している。
　　7) 技術問題としてボイルオフガスの処理の問題がある、また熱量
　　　の違いもある。

　その後、議論は進んでいないと言われている。現物の受け渡しを
伴わない先物市場は機能しないことは明白である。一方、どこかの
INDEX をもって市場を作ることも検討されたようである。
　一時は世界の過半数の LNG 市場規模を持ち、2018 年時点において
も世界の 26% の市場規模を持つ国にしては、後ろ向きの議論となっ
た。これは基本的には卸売市場の創設は、エネルギー当事者のビジネ
スモデルとは相いれないものであることを意味していると言われてい
る。
　日本は、かつては LNG 導入とその後の LNG 開発のパイオニアで
あったが、いつの間にか欧米は日本を抜き去ってしまったように感じ
ている。商社は口銭を稼ぎ、電力・ガス会社は安定供給を手にした。
しかし、石油ガス開発のオペレーターやマーケットのオペレーターは
育たなかった。また金融業界を巻き込んだ市場整備には思いも及ばな
かった。

日本の LNG 需要者は LNG 開発事業への投資者でもあり、多額の資金をガス田権益取得のために積極的につぎ込んでいった。LNG の価格設定にあたっては、LNG の開発者と利害が共有されているところがあった。自分が投資し自分が買うというビジネスモデルであるので、ガス田開発事業そのものの価格競争力に関しては関心が持たれてこなかった。ビジネスの中心には必ず日本があった。結果として、ポートフォリオの構築やマーケット戦略というものが欠如していた。

　世界のエネルギー業界の変化は 1980 年後半に始まったが、日本はその後の変化を他人事のように傍観してきた。これは、今、失われた時間として実感させられている。その後失われた時間が、10 年になり、20 年になり、30 年が過ぎ、そして 40 年目に突入していく。この間に日本の経済的地位は大きく低下した。次の世代のために何が残せるのか問い直し、行動しなければならない時期に来ているのではと考えている。

第 **9** 章

エネルギー文明論

9.1　本章の目的

　本章では、天然ガスビジネスを展開する上で、やり方というのはいろいろとあるであろうが、そもそも何を考えれば良いのかについての考察を述べたい。天然ガスビジネスを展開するためには、技術も大事であるし、国際政治の影響も大きい。世界には、民主主義国家もあるし共産主義もあるけれど、実は両者でそんなに大差があるわけではなく、天然ガスビジネスを展開する上では、国家なんて小さい概念である。資本主義とは資本家とそれ以外の人との関係性で成立する仕組みで、国家概念を超越するポテンシャルを持っている。

　そもそも、なぜ人はエネルギー事業、より限定的には天然ガス事業を遣ろうとするのだろうか。技術者としての欲なのだろうか。天然ガス事業で儲けたいという金銭欲なのだろうか。SDGs のような公益性に関わる事業に携わっているという名誉欲なのだろうか。米国の心理学者、アブラハム・マズローは「人間は自己実現に向かって成長する」という自己実現理論を提唱し、下位から高位に向かって、生理的欲求（Physiological needs）、安全の欲求（Safety needs）、社会的欲求／所属と愛の欲求（Social needs / love and belonging）、承認（尊重）の欲求（Esteem）、自己実現の欲求（Self-actualization）、自己超越の欲求（Self-transcendence）の六つの欲求を提案したが、エネルギー事業、より限定的には天然ガス事業をやろうする理由は、多分、これら全てである。

　この章では、技術も政治も経済も、そして人間の感情があってのエネルギー事業であることを述べていく。

9.2　ちょっと長めのイントロダクション

　日本の稚内とロシアのサハリンの間に海底パイプラインを引いて、

その天然ガスパイプラインを東京まで引いて、ロシアから日本に天然ガスを持ってくるという構想がある。

このサハリン・稚内天然ガスパイプライン事業の概要は以下の通りである。

- パイプライン敷設事業
  サハリン島クリリオン岬から札幌地域まで（約360km）
- 発電事業
  名寄発電所：約30万kW
  札幌発電所：約40万kW（環境アセスが不要な7.5万kW未満の発電所で対応）
- ガス販売事業
  初期投資金額としては、パイプライン敷設事業が約700億円、発電事業で約700億円である。パイプライン建設開始3年後に旭川・札幌地域でのガス販売を開始、発電事業は建設開始5年後に開始するとすれば、10年くらいで資金回収ができるという計画である。

以下、この件に関する、2016年11月2日付の産経新聞の記事[1]である。

サハリンからのガスパイプライン構想も浮上　世耕経産相、3日からモスクワで対露経済協力の詰めの協議

対露経済協力に関し、サハリン（樺太）からの天然ガスを、東京湾までパイプラインを敷設して輸入する構想が政府・与党で浮上していることが１日、分かった。世耕弘成経済産業相は３日から、モスクワで対露経済協力をめぐりロシア側と詰めの交渉を行う。日本側が提示した極東開発など８項目の協力案に基づき具体策を議論するが、その際にガスパイプラインも取り上げるとみられる。

　世耕氏は１日の記者会見で、「各省が精力的に具体化に向けた事務的な詰めを行っている。（ロシア側の）閣僚たちと、どう具体化するかしっかり確認したい」と述べた。
　モスクワでは５日までの滞在中、エネルギー開発の協力を加速する「エネルギー・イニシアチブ協議会」の初会合のほか、８項目全体を議論する作業部会を行う。また、ウリュカエフ経済発展相らと会談、経済協力の中身をすり合わせる。

　安倍晋三首相は、12月15日に地元・山口県でプーチン大統領と会談するまでに経済協力をまとめ、北方領土問題を含む平和条約締結交渉の進展を図る意向だ。ロシア経済分野協力担当相を兼務する世耕氏の訪露はその“露払い”を担う。

　ロシアは経済協力をめぐり、延べ68項目の具体案を要望している。特にエネルギー分野では、サハリンと北海道を海底ケーブルでつないで電気を輸入する「エネルギー・ブリッジ」や、国際協力銀行（JBIC）が近く調印する北極圏・ヤマル半島のLNG開発事業への投資など、大型案件を相次いでぶち上げた。

　浮上しているガスパイプライン構想は、北海道の稚内や苫小牧、青森県のむつ小川原、仙台や茨城県の日立などを経由し、全長約

1,500 キロメートル、建設費用約７千億円を想定する。液化天然ガス（LNG）に加工する必要がないため、実現すればガスを安く輸入できる。

　日本は実現可能な案件を取捨選択してプーチン大統領訪日時に署名したい考え。ただ、日本式医療の普及や郵便事業の技術協力といった日本側の提案では決定打に欠けるのも事実。ロシアは北方領土交渉で譲歩を引き出したい日本の足元をみており、世耕氏は厳しい交渉を迫られそうだ。

1) https://www.sankei.com/world/news/161102/wor1611020004-n1.html

　この報道のあと、2016 年 12 月 16 日には日露間の経済・民生協力プランの中にこの日露天然ガスパイプライン構想は盛り込まれたという噂も流れた。実際には経済・民生協力プランの中に「サハリン・稚内天然ガスパイプライン」の文字はないのだが、永田町などでは、「明示的に文言は入っていないけれど、プーチン首相は了解している」というような確認のしようがない形で噂は広がった。このサハリン・稚内天然ガスパイプラインの件で、ガスプロムのメドベージェフ副社長が来日してどこどこの料亭で食事をしたから大丈夫だ、というような話も語られた。深く考えるまでもなく、メドベージェフ氏と食事をしたのが、サハリン・稚内天然ガスパイプライン事業に関わる日本側の当事者であったとしても、食事をしたことと、日露間でこの事業の推進をすることについての合意がなされることと、実際に事業に予算がついて動き始めることは全く関係ないようにも思われる。

　サハリン・稚内天然ガスパイプライン事業に話を戻すと、この事業の推進の文脈で出てきた言葉に「相互確証抑制」効果という耳慣れないものがある。米国のジョン・F・ケネディ大統領とリンドン・ジョンソン大統領の下で国防長官を務めたロバート・ストレンジ・マクマナラ氏は 1965 年に「相互確証破壊」という言葉を提唱している。「相

互確証抑制」とは明らかに、この「相互確証破壊」の派生語である。「相互確証破壊」とは、東西冷戦時代に核抑止力と関連して提唱された用語で、何を相互に確証するのか、というと「もし仮に、核兵器を持っている国が核攻撃を先制的に受けたとすれば、先制攻撃を受けた側は何らかの形で核戦力を残存させて核兵器による報復を行い、結果的に、核兵器を持っている２者の間で一方から他方への核攻撃が行われれば、双方ともに核兵器によって完全に破壊されること」である。東西冷戦の文脈では、ソ連または米国が他方に核攻撃を仕掛けたとしても、相手側の核兵器を同時に全て完全に無力化することができなければ、核兵器による報復攻撃によって、米ソ両国が破壊されてしまうということである。

　「相互確証破壊」に比べれば「相互確証抑制」はマイルドな言葉である。この言葉がどのような文脈で現れるかというと、例えば、日本ではサハリン・稚内天然ガスパイプラインが引かれロシアから日本に天然ガスが送られたとするとき、ロシア側が天然ガスの供給を一方的に止めてしまう、または価格の変更を迫ってきたときに断れないなど、日本側が一方的に不利となるのではないか、という議論である。「相互確証抑制」は、このような議論は成立しないことを互いに確証し、国境をまたぐパイプラインで繋がれた２国間では、互いに他国を政治、経済、軍事的に刺激することは抑制されるべきであるということである。要するに天然ガスパイプラインとは、両国間の win－win 関係を成立させるためのツールに他ならないはずである、という議論を「相互確証抑制」と呼んだのである。「相互確証破壊」という軍事分野で使用された用語の派生語として、天然ガスパイプラインというエネルギー分野で「相互確証抑制」という言葉が提唱されたことは、天然ガスパイプラインが、単にビジネス的な存在ではなく、政治的な存在であることを示唆している。

　もう少し、「相互確証抑制」について補足しておきたい。この「相互確証抑制」という言葉はロシア人が提案したと言われている。ロシ

ア人はなぜこのような言葉を考えついたのであろうか。そのヒントの一つは2005年から2010年の間に繰り広げられたロシアとウクライナの間の天然ガスを巡る紛争であると思われる。

　ロシアとウクライナの間の天然ガスを巡る紛争（以下、ロシア・ウクライナ天然ガス紛争）の実際の当事者は、ロシアの国営企業であるガスプロムとウクライナの国営企業であるナフトハス・ウクライナ社である。

　ことの経緯は次のようなものである。まず、ウクライナの隣国のベラルーシとロシアとの関係が動いたのは、2005年3月である。ガスプロム社とベラルーシ政府が、ガス供給に関する契約更改を実施し、ガスの料金は1,000㎥当たり46.5ドルという価格に設定された。一方、ウクライナとロシアとの関係が動いたのは2005年4月である。ガスプロム社とウクライナ政府が、ガス供給に関する契約更改交渉を実施し、ロシア側はウクライナ側に1,000㎥当たり改訂前の50.0ドルから改定後は160.0ドルに値上げするという提示をしたのである。大雑把に、ウクライナがロシアから購入する天然ガスの価格は、ベラルーシが購入する価格の約3倍ということである。さらに、ロシア側は、交渉の過程でウクライナへの天然ガス価格を1,000㎥当たり230.0ドルに引き上げている。この交渉は最終的には、ガスプロム社とナウクライナ国営ナフトガス社との間で1,000㎥当たり95ドル、期間5年という契約で合意する。その合意内容はトリッキーでさえある。ガスプロム社はナフトガス社には直接販売せず、ガスプロム社とオーストリアの銀行（存在自体がフェイクで実際は、ウクライナの投資家と言われている）との合弁会社ロスウルクエネルゴ（本拠はスイス）に230ドルで供給し、さらに同社はそのロシアのガスとトルクメニスタン産およびカザフスタン産の50ドルの低価格のガスと混ぜてナフトガス社に95ドルで販売した。ベラルーシとロシアの関係において、ロシア側に何かベラルーシを特別扱いする理由があるのか、というと、表向きはロシアの天然ガスパイプラインがベラルーシ南部を通過するとい

うことがあり、そのパイプラインの権益をロシア側がベラルーシ側に要求し、ベラルーシがロシアの要求を受け入れたという経緯はある。しかし、これが天然ガスの価格が 46.5 ドルと 230 ドルという約 5 倍の差ができるという理由になるはずはなく、ロシア・ウクライナ天然ガス紛争の背後には、2004 年にウクライナで起こったオレンジ革命があると考えるのが自然である。

　ウクライナでの 2004 年の大統領選挙では、ロシアとの関係を重要視する与党代表で首相のヴィクトル・ヤヌコーヴィチと、欧州への帰属を唱える野党代表で前首相（当時）のヴィクトル・ユシチェンコが争った。大統領選挙におけるヤヌコーヴィチの当選が発表されると、その直後から野党ユシチェンコ大統領候補支持層の基盤であった西部勢力が、ヤヌコーヴィチ陣営において大統領選挙で不正があったと主張し始め、不正の解明と再選挙を求めて、抗議運動を始めた。この抗議運動は、ヨーロッパやアメリカのマスメディアでは野党ユシチェンコに対して、ロシアでは与党ヤヌコーヴィチに対して肩入れする報道がなされた。この報道合戦ではナショナリズム的な報道に終始したロシア側に対して、一連の大統領選挙が民主的ではないというスタンスを取った欧米側の報道に世界世論がなびいたため、徐々にロシア側の行動が規制される結果となった。ロシアの支持を受けたヤヌコーヴィチを中心とする与党勢力は選挙結果を既成事実化しようと試みたが、野党勢力を支持する EU（欧州連合）や米国の後押しもあり結局野党の提案を受け入れて再度投票が行われることとなった。再投票の結果、2004 年 12 月にヴィクトル・ユシチェンコ大統領が誕生した。ユシチェンコ大統領の誕生に米国が介入したという噂も流れ、具体的には投資家のジョージ・ソロスの名前も取りざたされた。選挙結果に対して抗議運動を行った野党のシンボルカラーがオレンジであり、「ユシチェンコにイエス！（Так！Ющенко!）」と書かれた旗、マフラーなどオレンジ色の物を使用したことからオレンジ革命と呼ばれている。

オレンジ革命が 2004 年 12 月で、ウクライナとロシアとの関係が動いたのは 2005 年 4 月であることは既に述べた。さらに、2005 年 12 月には、ガスプロム社がウクライナ政府に対して、契約がまとまらなかった場合には 2006 年 1 月 1 日からガス供給を停止すると改めて表明があり、ウクライナ政府は、1994 年にロシア、米国、英国が経済的圧力に対する安全保障を約束したブダペスト覚書に反するとし、ロシア政府に抗議するとともに、米国、英国政府に対して介入を求めた。

　2006 年 1 月 1 日には、ガスプロム社がウクライナ向けのガス供給を停止。ただし、ウクライナ向けのガス供給は、対欧州連合諸国向けと同じパイプラインで行われていたため、EU 諸国向けの供給量からウクライナ向けの供給量の 30％を削減する形で行われた。ウクライナ側は、これを無視する形でガスの取得を続行。たちまちパイプライン末端にある EU 諸国へ提供されるガス圧は低下し、各国は大混乱となった。2006 年 1 月 4 日、中間業者を介在させることを条件に、95 ドルの価格設定でウクライナへの天然ガス供給が再開された。

　ロシア・ウクライナ天然ガス紛争が最終的に決着するのは、2010 年である。2010 年 1 月の大統領選挙の結果、前首相で地域党党首のヴィクトル・ヤヌコーヴィチが大統領となり、同年 4 月、ウクライナがクリミアでのロシアの黒海艦隊の駐留期限を延長する見返りに、ロシアはウクライナ向けガス代金を割り引くという 2 国間のハリコフ合意が成立した。なんてことはない、結局、ロシアはウクライナの政治体制が反ロシア的であるという理由で、パイプラインを通じた天然ガスのウクライナへの供給を止めたし、親ロシア政権が成立すると天然ガスの供給を再開したというのが真相であろうと思われる。

　ロシア・ウクライナ天然ガス紛争を想起する限り、「天然ガスパイプラインとは、両国間の win – win 関係を成立させるためのツールに他ならない」という「相互確証抑制」の議論は検討する必要があるように見える。しかし、その一方で、世界的に見れば、「地球温暖化防止」対策の柱として、欧州でも、米国でも、中国でも韓国でも、天

然ガスパイプラインネットワークの整備は進んでいる。

　もう一度、サハリン・稚内天然ガスパイプライン事業に話を戻す。

　米国のドナルト・トランプ政権のエネルギー政策のキーマンにレックス・ティラーソン氏がいた。このティラーソンはサハリン・稚内天然ガスパイプライン事業と関わっていたことで知られている。サハリン1プロジェクトが具体化しつつあった2003年頃、エクソンモービルの国際部門の責任者であったティラーソンは、サハリンと日本を結ぶ天然ガスパイプライン建設計画を提案する。サハリン1で産出される天然ガスを直接日本に売ろうと考えたのである。液化天然ガス（LNG）に加工して日本に船で運ぶより、パイプラインを引いて直接的に供給する方がコスト削減になる。一説には、日本での天然ガスの価格が半分以下になるという試算もある。この計画は、日本側の「都合」で頓挫する[2]。日本の電力業界がLNGの形で独占的な購入を希望したという説がある。日本のLNG消費の多くは、火力発電用である。日本の電力業界の動きに失望したエクソンモービルはサハリン・稚内天然ガスパイプライン事業から撤退をする。

　もう少し、サハリン1プロジェクトについて述べると、2019年12

表9−1　　サハリン1プロジェクトの概要

事業主体	・Exxon Neftegas　30% （米、エクソンモービル子会社、オペレーター） ・サハリン石油ガス開発㈱（通称：SODECO）30% （サハリン石油ガス開発には、日本国経済産業大臣50%、伊藤忠グループ約16%、石油資源開発約15%、丸紅約12%、国際石油開発帝石約6%が出資） ・ONGC Videsh（インド、20%） ・Sakhalinmorneftegas-Shelf（ロシア、11.5%） ・Rosneft-Astra（ロシア、8.5%）
投資額	約120億ドル以上
開発鉱区	オドプト、チャイヴォ、アルクトン・ダギ
推定可採 埋蔵量	①石油　　　約23億バレル ②天然ガス　約4,850億㎥

[2] 川上高司／石澤靖治 編著『トランプ後の世界』（東洋経済新社、2017）
https://str.toyokeizai.net/books/9784492212325/

月20日付の日本経済新聞に、サハリン1のLNG計画について、日本の官民が米エクソンモービルなどと共同で事業を推進する方針を固めたとの記事がある。サハリン1プロジェクトの概要は**表9-1**の通りである。

チャイウォ油ガス田からは、2005年10月より、海上のプラットフォームや陸上の坑井基地・処理施設などの生産施設を用いて原油・天然ガスが生産されている。チャイウォ油ガス油では、2015年4月には「大偏距掘削」技術の採用で、水平方向の掘削距離13,500mという世界最長記録を達成した。オドプト油ガス田では2010年9月から、アルクトン・ダギ油ガス田では2015年1月より各々原油生産を開始している。

ここで「大偏距掘削（Extended Reach Drilling、ERD)」という言葉が出てきた。ERDは、サハリン1の開発で威力を発揮した新規技術であり、シャールオイル・ガスの採掘で注目された「水平坑井掘削技術」を活用したものである。

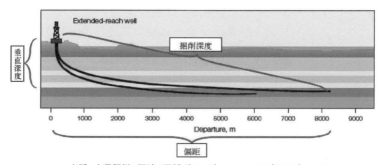

出所：大備勝洋、石油・天然ガスレビュー、Vol.39 (2005)、p.23

図9-1　大偏距掘削の概要。水平坑井掘削技術により、水平方向の「偏距」と「垂直深度」の比が2以上の大偏距掘削が可能となった。

水平坑井掘削が生産性向上による開発コストの早期回収を主目的としたのに対し、ERDは従来の傾斜掘りの目的であった掘削ロケーションを地下のターゲット直上に設けることが不可能な場合に適用する、という概念の延長線上にある。可能な限りの偏距を取ることにより新

規のプラットフォームや輸送施設などの建設コストを削減するとい
う、いわば掘削や管理上といった技術面での経済性を主目的としてい
る。例えば、海洋油ガス田の開発段階においては、プラットフォーム
と呼ばれる海洋構造物を設置し、そこから蛸足状に数坑の坑井を掘削
して油ガス田から石油・ガスの採取を行うことが一般的である。しか
し、このプラットフォームの設置には莫大な費用が掛かるため、陸上
から海洋に向けて掘削する際にERDは用いられる。一般的には、
ERDとは、水平方向の「偏距」と「垂直深度」の比が2以上である
と言われている。この水平坑井掘削技術によって、通常の掘削技術で
は掘削できない場所が掘削できるようになった。**図9－2**では、緑と
青の領域は通常の掘削法で掘削できる領域、黄と赤の領域は、ERD
ではじめて掘削できる領域である。水平方向の「偏距」は11kmくら
いであるが、サハリン1では、13,500mという世界最長記録を実現し
ている。

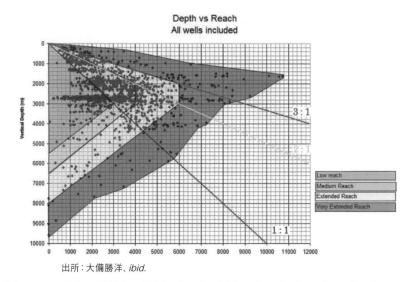

出所：大備勝洋、*ibid.*

**図9－2　通常の掘削法で掘削できる領域（左から1番目と2番目の領域）と、
ERDではじめて掘削できる領域（左から3番目と4番目の領域）の差
異。ERDでは特に、水平方向の距離の伸びが顕著である。**

先ほど、ERD は経済性を目的に採用されるとした。では、実際に
どのくらい経済性が改善されるのだろうか。具体的なコスト削減の例
を示すと、Statoil 社が 1991 年に掘削した坑井（掘削深度 7,250m、偏
距 6,086m、傾斜 80°）では、海底生産システムを採用した場合開発
費が 5,400 万ドルであったのに対し、ERD を採用した場合には半分
以下の 2,100 万ドルまで開発コストを削減したという例がある。また、
英国領北海 Southern Gas Basin においては ERD を採用したことに
よって、1 坑井削減（− 1,200 万米ドル）・掘削コスト削減（− 1,800
万米ドル）・プラットフォーム数 1 基削減（− 4,000 万ドル）で、計 7,000
万ドルのコスト削減に成功した例もある。

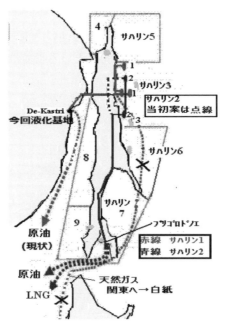

出所：http://blog.knak.jp/2019/12/1lng.html

**図9−3　サハリン1、サハリン2の原油とガスの輸送の構想。サハリン1からLNG
の日本の関東地区方面への輸送は白紙化されている**

サハリン 1 の原油とガスの輸送については次のようにアナウンスされ
ている。

● 石油

サハリン島を東西に横断し大陸側に至るパイプラインで運搬、そこからタンカーで日本等へ輸出

● ガス

当初案は、北海道の内陸の一部（石狩平野）を経由する海底パイプラインにより運搬する予定であったが、パイプライン敷設の漁業補償問題や、最大需要家になるとみられた東京電力も購入に難色を示したため、この計画は白紙となった。その後、ガスプロムと英蘭ロイヤル・ダッチ・シェルが主導する「サハリン2」（南端のプリゴロドノエまでパイプラインで運搬し、液化）にガスを販売する計画だったが、価格交渉が決裂し、自前でLNGを輸出する方針に転換した。

ガスの液化施設については、当初はロスネフチとエクソン両社で建設する方針だった。両社は2013年にLNGプラントの建設計画をウラジーミル・プーチン大統領に提示した。しかし、ウクライナ紛争を巡る対ロシア制裁など多数の要因が重なり、現在まで実現していない。2018年10月の報道では、両社にサハリン石油ガス開発とインドのONGCを加えた4社での建設に変更された。LNGの生産自体は経済制裁の対象ではないが、ロシア企業は制裁により金融市場へのアクセスが制限されている。サハリン石油ガス開発とONGC両社と組むことで、コストを分担できるほか、欧米による対ロシア経済制裁に伴うリスクを和らげる狙いもあるとみられる。

米国によるロシアの経済制裁には、先に書いたロシアとウクライナの紛争に端を発している。2010年のウクライナ大統領選挙を経て発足したロシア寄りの政権が2014年2月の政変で崩壊したことを背景にしている。米国の対ロシア経済制裁は、「ウクライナ自由支援法（2014年12月制定）」に始まり、この法律を吸収する形で成立した「対ロシア制裁強化法（2017年8月制定）」が現在、係属している。「対ロシ

ア制裁強化法」は、二次制裁の規定を含んでいる。同規定は、在米資産凍結や米国への渡航禁止が課される、SDN（Specially Designated Nationals and Blocked Persons）リスト掲載者との間で、相当規模の金融取引を故意に促進した場合、米国人のみならず、外国金融機関も制裁対象となり、米国金融システムから排除され、事実上米ドル取引が困難となるという規定である。米国では、SDNリストへの登録を巡り、登録されては、市場への影響が指摘されて解除されたりと混乱も見られる。

　最近では、対ロシア制裁について欧米のスタンスの違いが顕在化している。その元凶は、ノルドストリーム２パイプラインである。同パイプラインはロシア産天然ガスをバルト海底経由でドイツに輸送するもので、米国としては、欧州向けロシア産ガス輸送の経由地としてのウクライナの役割低下が同国経済に与える悪影響を懸念し、パイプライン建設に関わる企業等への制裁を検討している。米国には自国LNGの欧州向け販売を拡大させたい思惑もあるとされる。これに対してドイツは、エネルギー分野での協力関係は、ロシア経済の安定や

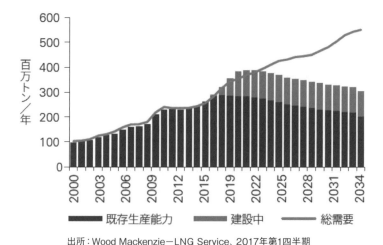

出所：Wood Mackenzie－LNG Service、2017年第1四半期

図9－4　2000年から2035年のLNGの名目生産量と総取引量（百万トン／年）の実績と予想

軍事化の回避に資するとして、パイプライン建設を推進する姿勢を堅持している。安価かつ安定感あるロシアのパイプラインガスは、依然として競争力があるという側面もある。

図9-4は天然ガスの需給バランスを示すものである。

LNGの需給バランスは2022年前後で供給過多から需要が逼迫する状況に変換すると見られている。また、2018年から2030年にかけてのLNG需要の伸びの86％はアジアであることを示唆している。

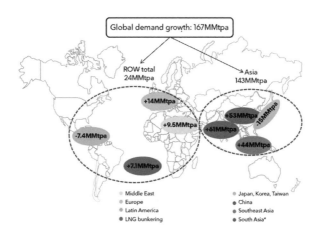

出所：Bloomberg NFE, Poten & Pertoners, Customs.
南アジアには、インド、パキスタン、バングラディッシュ及びスリランカが含まれる。
南東アジアには、タイ、シンガポール、マレーシア、インドネシア、フィリピン、ベトナム及びミャンマーが含まれる。

図9-5　2018年から2030年のLNG需要（純輸入量）の変化

中国、インドネシア、インドでのLNG需要の伸びの予測の数字と比べると、日本のそれは桁が小さい。さらに、サハリン・稚内天然ガスパイプラインの実現が絶望的であり、2019年12月には中国とロシアの間に天然ガスパイプライン「シベリアの力」が開通している。中露が、この天然ガスパイプラインにサハリンからの天然ガスパイプラインを接続しようと考えるだろうと推測するのは容易である。このようなトレンドを考慮すると、はたしてサハリン1からのLNGが日本に入ってくるのかどうかを心配する声もある。

表9-2　「シベリアの力」天然ガスパイプラインの各緒元

ルート	ロシア〜中国（陸上）				
稼働年数	2019年12月1日（日）供給開始				
距離	2,864km（ロシア国内） ※中国国内は3,371 km（黒竜江省〜上海）。黒竜江省〜吉林省までの 1,067 kmは10月に完成し、今後2024年までに上海区間を建設				
容量	38〜60BCM／年				
口径	56インチ（陸上）				
コスト	〜680億USD（推定）				
コスト／km	22.8MMUSD／km（陸上）（推定）				
PL所有者 （中流）	ロシア国内	ガスプロムトランスガストムスク：100%			
	中国国内	中国石油天然気集団（ペトロチャイナ）：100%			
供給源 （東シベリア）	ガス田	発見年	埋蔵量（AB+C2）		生産見通し	ヘリウム含有率
	チャヤンダ	1983年	ガス	1.2TCM	年間25BCM	0.6%
			NGL	4.5億Bbl	4.6万BD	
	コヴィクタ	1987年	ガス	2.7TCM	年間25BCM	0.2%
			NGL	6.6億Bbl	—	
上流権益との 関係（上流）	ガスプロムが供給者（100%）				
ガス購入者 （下流）	中国石油天然気集団（ペトロチャイナ）が購入者（100%）				

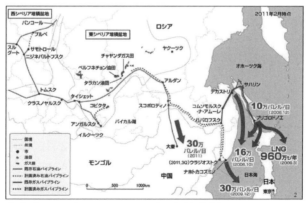

出所：「ポスト・プーチンのロシアの展望：中間報告書」
　　　公益財団法人日本国際問題研究所（平成30年3月）

図9-6　天然ガスパイプライン「シベリアの力」の概要

問題は、この中国とロシアの間の天然ガスパイプライン「シベリア
の力」が、ロシア、中国、日本、韓国、米国という日本海とオホーツ
ク海を取り巻く国々のパワーバランスの変更をもたらすのか、という
ことである。

　少し長いイントロダクションとなったが、天然ガスビジネスが経済
合理性のみならず、隣接する国間の政治やその時代の最先端技術とも
関わり、さらに最近では、発展途上国についての国際政治、地球規模
での環境問題、資本主義体制についての議論の中で展開されなくては
ならないことは明らかである。

▌9.3　国際政治と天然ガス

　国際政治理論の中の技術には二つの面がある。言ってみれば、技術
について静的な面と、技術について動的な面、つまり技術移転に関わ
る面である。

　順番は前後するが、動的な面とは、技術が移転することで国家が興っ
たり、衰退したりすることで、産業革命はこの動的な面の一つの表象
である。

　資本主義とエネルギービジネスの接点は、産業革命である。

　18世紀末に英国で起こった第一次産業革命の産物として安いエネ
ルギー源で動く機械を用いる生産活動は、個人や企業が市場で自由に
価値の交換を行うような自由主義的な経済制度と組み合わさって、資
本主義の形成をもたらしたと言われている。そしてその資本主義は、
西洋の資本主義諸国が技術的優位性による軍事力を武器に非西洋諸国
を侵略することによって経済の発展を支えるというシナリオの崩壊と
ともに、終焉に向かっているという説がある。

　第一次産業革命的な世界は、「大量生産することで安価に消費財を
供給する社会」で手工業的な細やかな製品が駆逐され、画一的な大量
生産品に置き換わり、この大量生産品の供給覇権を争う世界である。

エネルギーについても同様で、油田等で大規模集中的にエネルギーを生産し、カスケード型に分配する世界である。このような世界となったのは、第一次産業革命前は、手工芸的に地場できめ細かく供給されていたような製品やエネルギーを安価に作る技術がなかったためであった。ところがIT革命で、分散・地場型、特注型の製品やエネルギーが大量生産品とコスト競争力を持つようになった。これが現在の世界の激変の要因である。ここで、最後に残る化石エネルギーが天然ガスである。

第二次産業革命は、19世紀後半から第一次世界大戦の直前までと言われており、第三次産業革命がいわゆるデジタル革命である。情報通信技術（ICT）は第三次産業革命の賜物である。

静的な面を説明するには、原子力技術の例が分かりやすいかも知れない。20世紀後半に原子力技術は、世界の東西冷戦構造を決定した。米国とロシアは独自に原子力技術を発展させたことになっているが、そもそも広島と長崎に投下された原子力爆弾さえも、米国製ではないなどというもはや確認のしようがない説もあるし、筆者が聞いた限りでは、その話の出処は第二次世界大戦中に日米バチカンの有名な三重スパイであったりする。要するに、技術について静的な面とは、技術がある地域なり国に附随しており、それが「世界の構造」に影響を与えるということである。

「世界の構造」というと、ギリシャ神話の平和と秩序の女神である「パクス」を冠して、古くは古代ローマ帝国でのパックス・ロマーナ、産業革命以降では、パックス・ブリタニカ、パックス・アメリカーナ、そして次はパックス・シニカかと言われるように、覇権国の下で世界平和が実現している状態を連想することが多い。この場合の「世界の構造」とは、「世界システムとしての構造」である。この観点では、資本主義というのは史的システムであって、資本蓄積それ自体のために機能する自己言及的なシステムとして定義される。グローバルには、商品としてのモノの生産、流通、消費という連鎖を持ち、時間と地域

が限定されたローカルな存在を仮定する。このローカルな存在が国家であることもある。資本蓄積のためには、市場を通じて余剰価値を生み出さなければならない。そのため、あらゆるものを商品化し、市場交換していく。交換によって余剰価値を得るために商品間の社会的価値の差が生じる必要があり、世界規模で行なわれる商品連鎖は、世界規模の階層分化を生む。

「世界システム」の文脈では、覇権国家の条件は、強大な軍事力と経済力を持つことと、周辺国の存在である。「周辺国の存在」と言ってしまうと誤解を生みやすいかも知れない。社会システム論では、覇権国家を「中核」として、「中核」-「半周辺」-「周辺」というヒエラルキーが存在する。「中核」国家は、分業体制を利用して、経済余剰の大半を握る。産業は製造業や第三次産業が中心であり、労働体系は「自由な賃金労働」が主流である。「周辺」国家は、鉱山業や農業といった第一次産業が中心であり、換金作物のための「非自由労働（強制労働）」が存在する。「半周辺」国家は、中核と周辺の中間で、現代では、アジアや NIES（newly industrializing economies、新興工業経済地域）などの諸国である。「中核」からは工業製品が、「周辺」からは原材料、食糧が市場に流れる。「中核」と「周辺」の分業体制により、中核諸国は中央集権化し、周辺諸国は「低開発化」され、両者の格差は拡大する。「低開発」とは「世界経済」の分業体制の中で次第に生み出された歴史的産物で、「中核」から賃金労働化し、システムは「周辺」に存在する非／半賃金労働を求めて拡大してゆき、「中核」と「周辺」との段差から利益を得るという構図が生み出される。

覇権国家が強大な軍事力と経済力を持つために必要な力が「技術力」である。そして、技術力の覇権を「テクノヘゲモニー」と呼ぶ。

パックス・アメリカーナは第一次産業革命が生んだ資本主義の影響下にあるという意味で、エネルギーを制するものがヘゲモニーを握るという構造である。テクニカルには、米国は金融における金本位制から脱却し、米国のドルを石油の決済通貨としつつ「金融のグローバル

化」を進めることで経済力と経済力の恩恵としての軍事力を握った。軍事力の裏付けを原子力工学技術が担ったというのがパックス・アメリカーナの構造である。

「金融のグローバル化」の発端は、1971年には米国発の「ニクソン・ショック」である。当時の米国大統領であったニクソンは、当時国内から失業とインフレに対処する新たな措置が求められている状況の中で新経済政策を発表する。その中でニクソン大統領は、次のように宣言する。

> 「…最近数週間、投機家たちはアメリカのドルに対する全面的な戦争を行ってきた。…そこで私はコナリー財務長官に通貨の安定のためと合衆国の最善の利益のためと判断される額と状態にある場合を除いて、ドルと金ないし他の準備金との交換を一時的に停止するように指示した。…この行動の効果は言い換えればドルを安定させることにある。…IMFや我々の貿易相手国との全面的な協力の下で、我々は緊急に求められている新しい国際通貨制度を構築するために必要な諸改革を求めるだろう…」

このように米国は、金とドルの交換禁止とを宣言した。しかし、金とドルの交換を止めてもドルの信用は回復せず、1971年12月にはドルは切り下げざるを得なくなる。スミソニアン体制と呼ばれている。それでも固定相場制を維持するのは難しく、各国が変動相場制に移行するのは、スミソニアン体制が始まってわずか1年3カ月後のことである。

ニクソン・ショックに追従する形で主要国通貨が変動相場制に移行し、金融のグローバル化の波が押し寄せた。その要因は大きく四つある。

① 1970年代のオイルショックや1980年代の米国・レーガン政権における双子の赤字などを原因に、諸国間の経常収支の不均衡が増

大したことが挙げられる。

② 1970年代以降、多国籍企業の活動が活発になり、変動相場制への移行と相まって、先進諸国において対外取引の規制緩和が進んだことが挙げられる。

③ IT技術の発展や金融工学の発展が挙げられる。これにより、取引のスピードが格段と上がり、種類豊富な金融商品も誕生した。

④ 世界規模での金融規制緩和の動きが挙げられる。1980年代から1990年代にかけて世界的に広がった資本取引の自由化によって、資金余剰国から資金不足国への資本移動が促進された。このことが、世界経済の効率化と伸び悩んでいた新興国経済の発展をもたらした。

後にも触れるが、物質文明とそれを支える資本主義体制では、一人当たりのエネルギー消費量の増加と経済発展はほぼ同期する。そして、経済発展は、流通する通貨の総量と関連する。

図9－7は1820年から2010年までの一人当たりのエネルギー消

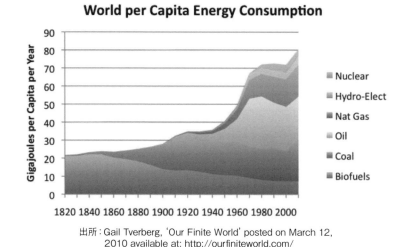

出所：Gail Tverberg, 'Our Finite World' posted on March 12, 2010 available at: http://ourfiniteworld.com/

図9－7　一人当たりのエネルギー消費量（1820〜2010年）

費量である。第二次世界大戦と 1970 年の間に急増している。

　ニクソン・ショックをきっかけとするドルを基軸通貨とする変動相場制が重要なのは、これをきっかけに米国は新興国に容易にモノを売ることができ、米国の軍需産業を潤すことができたという点である。最近では、中国が資金力にものを言わせて、アフリカなどの新興国に積極的に進出しているが、それは中国が米国の真似をしているだけという見方もできる。米国の軍需産業に資金繰りがついたことで米国はわが世の春を謳歌し、世界の警察としての地位を保全することができ、東西冷戦にも勝利することができた。

　では、テクノヘゲモニーの文脈での天然ガスとはどういうものであろうか。天然ガスの需要が石油の需要を抜いたとき、天然ガスの決済通貨を発行する国が覇権を握り、その通貨発行権を活用して圧倒的な軍事力を手に入れるのだろうか。まさか、そのようなことは起こらないのは明らかである。

　国際政治と天然ガスの関係を考える上で、「オランダ病」と「資源の呪い」の理論は知っておいて良い。

　「オランダ病」とは、コーデンとニアリ[3]によって提唱された理論で、資源輸出の急激な増大が国際収支の黒字増大を通じて実質為替レートの切り上げ（増価）をもたらし、資源以外の貿易財の国際競争力を低下させ、その部門の縮小と失業を招く現象を指す。天然資源を豊富に有する途上国は、その輸出により獲得できる外貨を通じ、国内貯蓄や財政収入といった制約が緩和されることを通じて発展することが可能であるという楽観的な考え方もあるが、「オランダ病」とは 1950 年代から 1960 年代のオランダで天然ガス田が発見された結果、実質為替レートの増価を通じて製造業の生産と輸出が停滞したというオランダの経験を踏まえ、資源収入がかえって経済成長の妨げになるという考

---

[3] Corden, W. M. and Neary, P. J. 1982. "Booming Sector and Deindustrialization in a Small Open Economy." The Economic Journal, (92) : 825-848.

え方である。

　これがきわめて深刻な形で途上国に現れた例がナイジェリアであり、石油ブーム崩壊後の 1982 年以降、荒廃した農村と失業者の群れが残された。一方、この病を逃れた例として特記されるべきはインドネシアであり、「緑の革命」により農業基盤の強化に成功し、比較優位性の高い労働集約的製造工業を輸出部門として育成することに成功した。

　モデルの前提と仮定は次のとおりである。まず、二つの貿易財と一つの非貿易財を生産している開放経済を想定する。第一の貿易財は、輸出ブーム産業（以下「Ｂ産業」）で生産される財であり、1950 年代から 1960 年代のオランダの例では天然ガス産業である。第二の貿易財はその他の貿易財産業（以下「Ｔ産業」）で生産される財であり、典型的には農業、製造業である。非貿易財は非貿易財産業（以下「ＮＴ産業」）で生産される財であり、典型的にはサービス業や建設業である。Ｂ産業及びＴ産業の財の価格は国際価格で一定であり、ＮＴ産業の財の価格は国内で決定される。為替レートは、貿易財と非貿易財の価格比である実質為替レートである。そして、完全雇用を仮定し、労働のみが三つの部門間で自由に移動し、最も基本的なモデルでは、資本はそれぞれの部門に特有なもので移動はないものと仮定されるが、拡張されたモデルでは資本も移動する。

　ブームが発生した際に生じる効果は二つあり、「要素移動効果」と「所得効果」である。「要素移動効果」は、Ｂ産業のブームが他の部門の労働（生産要素）を引き付ける効果であり、Ｂ産業の輸出増加に伴って生産が増加すると、ＮＴ産業・Ｔ産業の生産要素がＢ産業へ移動し、ＮＴ産業およびＴ産業の生産量が減少する。「所得効果」は、Ｂ産業のブームで得られる高い収入がＴ産業及びＮＴ産業への追加的支出につながる効果である。ＮＴ産業の価格は国内で決定されるため、ＮＴ産業への需要は「所得効果」により増加し、価格も上昇、さらに生産量も増加する。他方、Ｔ産業の価格は国際価格で一定であるため、Ｔ

産業への需要は「所得効果」によって増加するが、価格は一定のまま、超過需要分は輸入される。その結果、Ｔ産業の生産要素は更にＮＴ産業へ移動し、Ｔ産業の生産量は減少する。二つの効果を合わせた全体の効果としては、ＮＴ産業の生産量については確定的なことはいえないが、Ｔ産業の生産量はいずれにしても減少する。

このような「オランダ病」の概念は現在でも有効と考えられる。一方、その後に用いられるようになった概念として「資源の呪い」がある。これは、本来であれば資源が存在することは経済成長に有利と考えられるにもかかわらず、逆に資源が存在することで経済成長が妨げられる現象を意味する。先駆的な研究はあるものの、この概念を国横断的な実証研究を通じて有名にしたのは、サックスとワーナー[4]であり、約 80 〜 90 カ国のデータを用いて、1970 年時点の天然資源の輸出の対 GDP 比と、1965 年から 1990 年（もしくは 1970 年から 1990 年）の期間の一人当たり GDP の成長には負の関係が存在することを示した。

「資源の呪い」では、資源の賦存が豊かになると、第一に、より緩いマクロ経済政策が許される、第二に、産業の成熟の早期達成への圧力が小さくなる、第三に、より長期に亘るレント・シーキンググループの存在が許容され、定着する、第四に、経済成長が遅くなり、より不安定になるとされる。特に第四の点は「オランダ病」に通じる点である。

また、「オランダ病」の概念の範囲は、「資源の呪い」の概念の範囲よりも狭く、後者の概念は、①資源が豊富な国は教育に投資しない、②内戦の危険が高まる、③民主的な政体を確立することが困難になる、④汚職が発生しやすい、そして、⑤オランダ病により経済成長が遅く、もしくは、マイナスとなるという 5 点にまとめられるという説もある。このように、「資源の呪い」の概念は、オランダ病の概念を、政治的な要素も含めてより拡張したものと考えられる。

もちろん、「資源の呪い」に対する批判や、資源が存在するにもか

かわらず「オランダ病」が発生していない国・ケースも存在する。最近でも資源ブームに対応するための政策提言はなされており、これらは「オランダ病／資源の呪い」の存在を前提としていると考えられる。例えばOECD[5]では、以下のような提言がなされており、「オランダ病／資源の呪い」の概念は、現時点でも一定の有効性を有していると考えられる。

- 非原料部門から生産資源を遠ざけ、実質為替レートが増価することにより、「原料による窮地」に陥ることを避けるべき。インフレと実質実効為替レートの抑制が必要。
- 具体的には、①需要・雇用・技術進歩の点で波及効果を持つセクターを育成、②管理通貨フロート、③短期債務の減少もしくはより大きな外貨準備（含：政府系ファンドの設立）、④景気変動抑制的な（countercyclical）財政政策といった措置が求められる。

　現在の「パックス・アメリカーナ」の終焉はあるか、ということを考えると、パックス・ブリタニカの末期と同様に、「一超」と「多強のトップ」との差が縮まっていることは確かであり、パックス・アメリカーナの維持は容易ではないように見える。「パックス・ブリタニカ」の終焉のときは、第一次世界大戦の開戦のように、最後は急展開した。1946年という第二次世界大戦終戦直後では、世界秩序が急に展開するということは世界のどの国も想定していなかっただろうけど、これからはそうではないかも知れない。

　パックス・ブリタニカの崩壊過程におけるドイツの役割を思い出してみると良いだろう。パックス・ブリタニカの終焉がいつなのかは多

4) Sachs, Jeffrey D. and Andrew M. Warner. 1997. "Natural Resource Abundance and Economic Growth." Harvard Institute of Economic Research Discussion Paper, No.517.
Sachs, Jeffrey D. and Andrew M. Warner. 1999. "The Big Push, Natural Resource Booms and Growth." Journal of Development Economics, (59) : 43-76.
5) Perspectives on Global Development 2010 : Shifting wealth. Paris : OECD

少の誤差は説によって違うだろうが、第一次世界大戦後には世界平和はなかったという意味で、第一次世界大戦の時期がパックス・ブリタニカの終焉と重なっているのは確かである。当時のヨーロッパ列強は複雑な同盟・対立関係の中にあった。列強の参謀本部は敵国の侵略に備え、総動員を含む戦争計画を立案していた。各国はドイツ・オーストリア・オスマン帝国・ブルガリアからなる中央同盟国（同盟国とも称する）と、三国協商を形成していた英国・フランス・ロシアを中心とする連合国（協商国とも称する）の二つの陣営に分かれていた。このような状況で、サラエボでオーストリア帝国の皇太子が暗殺されると、一気に世界大戦に突入した。英国を一超とする一超多強状態を壊したのは、ドイツ・オーストリア・オスマン帝国の台頭だった。テクノヘゲモニーの観点からは、英国は19世紀に産業革命を経験し、技術的、それはすなわち軍事的に世界のトップとなったが、第一次世界大戦のころの技術力のトップはドイツであった。現在はパックス・アメリカーナであり、パックス・ブリタニカの崩壊過程におけるドイツに対応するのが中国である。

　第一次世界大戦の本当の理由は、一説には、ドイツがイラクの石油利権を握ったためという説もある。ドイツ側の国は、全てドイツまで輸送ルート上にある国々であった。このころ、バクーの油田も発見され、各国の間で石油をめぐる激しい争いもあり、英国は映画にもなったアラビアのロレンスなどの諜報員を派遣して、中東を自国の勢力下に収めようとしていたことが背景にあるという説である。実際、第一次大戦後、ドイツの持っていたイラクの石油利権は、全て英国のものになる。

　国際政治と天然ガスの関係において、そもそも資源取引というビジネスの問題が政治問題化する経緯の一つとして、ガス輸出国フォーラム（Gas Exporting Countries Form；GECF）」について触れておきたい。

　石油の世界には石油輸出国機構（OPEC）がある。OPECのガス版が、

GECFで、2001年にイランのテヘランで第1回閣僚級会議を開催したことに端を発する。その時の参加国は、アルジェリア、ブルネイ、インドネシア、イラン、マレーシア、オマーン、カタール、ロシア、トルクメニスタンとオブザーバーとしてノルウェーが参加した。現在の加盟国は、アルジェリア、ボリビア、エジプト、赤道ギニア、イラン、リビア、ナイジェリア、カタール、ロシア、トリニダード・トバゴとベネズエラ。オブザーバーには、アンゴラ、アゼルバイジャン、イラク、カザフスタン、マレーシア、ノルウェー、オマーン、ペルー、UAE の名前が見える。OPEC の13の加盟国でオブザーバー資格を含めて GECF に参加していないのは、クウェイト、サウディ、ガボン、コンゴの4カ国である。GECF 加盟国合計で、世界の確認可採埋蔵量の72％、天然ガス需要の46％を支配している。OPEC は、それぞれ天然ガスや石油のビジネスの問題を政治問題化して、複数の国がある意味でのカルテルを結ぶことによって、価格決定権を握ることを目的の一つとしている。

　GECF については、2001年にイランのテヘランでの第1回のフォーラム中でイランのビージャン・ナームダール・ザンゲネ石油相は「本フォーラムは、OPEC をモデルとして新組織を設立する目的ではない。ガス市場の将来について話し合うため」で、「ガス消費国の参加も歓迎する。」と話しており、その他の参加者も「本フォーラムはカルテルではない。これはフォーラムなので、事務局やスタッフ、予算も持たない」と断言している。GECF 結成の背景について以下4点が挙げられる。

　①EU は、産ガス側に事前調整や相談もなく一方的にガスの自由化を進めており、供給側のロシア、ノルウェー、アルジェリアは不満を持っている。産ガス側は、EU のガス自由化の結果、売り先を確保するリスクが発生することに対する懸念がある。

　②ガスの脱地域性。LNG 輸出の拡大により地域で分断されていたガスマーケットが統合され、新たなる市場競争が生まれる可能性

がある。

③企業の買収・統合による、大手石油会社のエネルギー市場への影
　響が拡大している。

④産ガス国間における意見交換や結束をする。

　実際に GECF の設立が決定されたのは、2008 年 12 月にモスクワで
開催された第 7 回の閣僚級会議であった。第 7 回の会議で「憲章」が
合意されたのである。2001 年の第 1 回の会合でイランのザンゲネ石
油相が「本フォーラムは、OPEC をモデルとして新組織を設立する目
的ではない。」と話したことは既に紹介したが、第 7 回の会合でロシ
アのウラジーミル・プーチン首相は、「ガス田開発の費用は急増して
おり、安いエネルギー、安いガスの時代は終わった」と述べてもいる。
この 2008 年というのは、ロシアはウクライナと天然ガスを巡る紛争
のさなかにあったことは思い出されても良い。では、ロシア主導で設
立されたと言われているこの GECF とは何なのだろうかという疑問
が湧き上がってくる。

　日本の天然ガス産業を考える上でのヒントを探るために、少しばか
り石油産業の基本的なこと、つまり OPEC の創設について触れてお
きたい。

　まず、石油企業には三つのタイプが存在する。

　第一は、いわゆる石油メジャーと呼ばれる国際石油資本である。
2020 年の現在は、エクソンモービル、シェブロン、ＢＰ、ロイヤル・
ダッチ・シェルの 4 社を指す。しかしもはや、かつて第二次世界大戦
後から 1970 年代まで石油業界を支配したセブン・シスターズの面影
はない。資源ナショナリズムの勃興、OPEC の形成などで、現在は生
産シェアで 10％程度、保有する油田の埋蔵量シェアで 2 ～ 3 ％と言
われている。

　第二は、産油国における国策石油企業である。例えば、サウジアラ
ビアのサウジ・アラムコ、ベネズエラの国営ベネズエラ石油などであ

る。

　そして第三が、非産油国の国営石油企業である。フランスのトタルや、かつてのイタリアの国営炭化水素会社（ENI）が例である。これらの企業は、ナショナル・フラグ・オイル・カンパニーとも呼ばれる。ナショナル・フラグ・オイル・カンパニーは日本国内では次のように定義されている。すなわち、「自国内のエネルギー資源が圏内需要に満たない国の石油・天然ガス開発企業であって、産油・産ガス国から事実上当該国を代表する石油・天然ガス開発企業として認識され、国家の資源外交と一体となって戦略的な海外石油・天然ガス権益獲得を目指す企業体をいう。(中略)組織形態としては、国営企業である場合、純粋民間企業である場合など、さまざまである」[6]。

　石油市場の支配者が石油メジャーから OPEC へと変異する流れの中で、資源ナショナリズムの動きがあり、その中でエンリコ・マッティが登場する。マッティは 1906 年生まれのイタリア人で、イタリアの国営炭化水素会社（ENI）の初代総裁である。それまで石油メジャーが独占していた石油業界に資源ナショナリズムの風穴をあけ、石油産業の石油メジャー支配を終わらせた人物である。マッティは 1962 年に自家用飛行機事故で死亡する。ローマを出発して、ミラノのリナーテ空港に向かったのだが、着陸寸前に墜落した。それが単なる事故であったのかは不明である。もう少し、マッティの経歴を補足すれば、第二次世界大戦前は化学会社を興して経営していたが、戦火が激しくなると、会社経営から離れて、パルチザン部隊を指揮して、ムッソリーニのファシスト政権と戦い、キリスト教民主党の反ムッソリーニ、反ファシズムのレジスタンスに身を投じる。つまり、マッティは実業家でありながら、政治活動にも深く関わっていた。

　エンリコ・マッティの天然ガス事業での功績の一つは、イタリア国内で採算を度外視して探鉱活動を行い、ポー河流域で一大ガス田を発

[6] 総合資源エネルギー調査会石油分科会開発部会石油公団資産評価・整理検討小委員会（2003）p.4

見したことであり、さらに、その天然ガスを自由競争に委ねよと主張するメジャーの主張を拒絶して国有化したことである。マッティについては、「田中清玄自伝」では次のように語られている[7]。

> 最も早くから産油国の資源ナショナリズムに理解を示し、祖国イタリアの自立のために、アメリカを中心とする国際石油資本による市場の独占と戦い続けた人ですよ。例えば世界に先駆けてジョイント・ベンチャーをイタリアとイランの間に作り、役員の半数はイラン人にするとか、石油利権協定も ENI 方式と謂われる産油国側に有利な方式を生み出した。また原油価格の安定と供給の多様化を確保するために、アルゼンチンやブラジルには石油産業発展のための借款を供与し、ソ連やアルジェリアにまで手を伸ばそうとした。

ちなみに、田中清玄はエンリコ・マッティとの接点は、モンペルラン・ソサイエティであると書いている。二人ともモンペルラン・ソサイエティの会員であった。モンペルラン・ソサイエティは 1947 年に、第二次世界大戦で西欧文明の価値観への信頼が揺らいだことを受けて、フリードリッヒ・ハイエクが、経済学者を中心とする当時世界最高の頭脳 36 名の学者をスイスのモンペルランに招いて会合を開いたことに始まる。モンペルラン・ソサイエティという名前は、この第 1 回会合が開かれた場所に由来している。そこでの中心的議題は、当時のリベラリズムの状況や社会主義の脅威、最小かつ分権化した政府の必要性やその将来展望であった。1947 年 4 月 10 日、次のような目的を期した文章が起草されている。

「現在、文明の中核となるべき価値観が危機に瀕している。世界の

---

[7] 田中清玄・大須賀端夫「田中清玄自伝」(ちくま文庫) p.237

広範な地域で、人間の尊厳や自由に欠かせない条件がすでに失われてしまった。その他の地域も、現在の政治的傾向が進展するという脅威に絶えず脅かされている。専制権力が個人や自発的組織の地位をますます蝕んでいる。思想や表現の自由といった、西欧人にとり最も貴重なものですら、少数者の立場にあっては忍耐の価値を唱えながら、自らのもの以外の価値観を弾圧し抹消できる権力の座を確立することのみを目指す信条が広がることによって脅かされている。我々が思うに、こういった事態は絶対的な道徳規準を全て否定する歴史観や、法の支配が望ましいものであることを疑う理論が発展したために、さらには私有財産や自由競争市場がもたらす権力の分散、及びそれに基づいた社会制度なくしては、自由が十分に保障される社会など考えられないからである。本質的にはイデオロギーに関するものであるこの動きに対して、理論的な論争を起こし正しい考え方を主張する必要がある。この信念に基づき我々は、予備的検討を行った結果、以下の点に関して更なる研究の必要があると考える。

1. 現在の危機の本質を分析し研究することにより、その教訓の本質や経済的起源を人々に知らしめること
2. 国家の機能を再定義し全体主義とリベラルな社会制度との境界を一層明確化すること
3. 法の支配を再び確立し、それが個人や団体が他者の自由を侵害する地位になく、個人の権利が略奪的な権力の基盤となることが許容されていないことを保証する手段
4. 市場の機能を阻害しない最小限の規制を確立する可能性
5. 自由を害するような信条を推し進めるための歴史の利用に対抗する手段
6. 自由と平和の保護や調和の取れた国際的経済 関係国際的な秩序の確立に資する国際秩序の創造」

このようにモンペルラン・ソサイエティの存在意義の一つは、共産主義、計画経済の推進勢力への対抗組織というものである。

エンリコ・マッティと OPEC の創設について簡単にまとめると次のようになる。

エンリコ・マッティが ENI の初代総裁であることが資源ナショナリズムの発展に重要であった。

ENI の前身である国営石油会社 AGIP（Azienda Generale Italiana Petroli、イタリア石油総合公社）は 1926 年、ムッソリーニ政権により設立された。AGIP は、国内開発のみならずルーマニア、アルバニア、イラク、リビア、エチオピア等海外での石油開発にも進出し、1935 年にはこれら海外原油精製のための国策会社 ANIC（AGIP の持分は 25％）が設立される。また 1937 年に北イタリアのボデンツァーノでガス田が発見され、1941 年にはイタリア国内のガス・パイプライン管理のための国策の天然ガス輸送会社 SNAM（Societa Nazionale Metanodotti）が設立される。この AGIP はムッソリーニ政権の崩壊とともに節目を迎える。

1945 年、パルチザン政治組織 CLN（Comitato di Liberazione Nazionale）は、CLN を率いていたマッティに AGIP のリーダーの地位を与える。CLN からマッティに下された指示は、AGIP を解体することであった。当時の政府は、石油産業の再建を民間資本によって行うという方針であった。これに対して、AGIP の経営（解体）を任されたマッティは、政府方針に背き、AGIP の強化に乗り出す。積極的に探鉱活動を行い、1949 年にコルテマッジョーレのガス田を発見し、その権利を AGIP に与えることを契機に AGIP の存続を政府に承認させることに成功した。そして、マッティは、北イタリアには大量の石油とメタンが埋蔵されており、イタリアはエネルギー需要全てを自国の資源で満たせるとの声明を出した。これにより、AGIP の株価は急上昇した。実際は、そこそこの量のメタンと石油が埋蔵されていただけで、イタリアのエネルギー需要全てをまかなうにはほど遠かっ

たが、マッティの宣伝活動が功を奏し、資本市場の評価を得ることに成功した。このとき、マッティは、AGIP の非公式な経済資源を使って政治家やジャーナリストに対して、広範にわたって賄賂を贈ったと言われているし、また、ネオファシスト政党 MSI（Movimento Sosiale Italiano）が利用された。こうして経営基盤を確立した AGIP は、ムッソリーニ政権により設立された他の炭化水素関係の国策会社と共に、1953 年に ENI（Ente Nazionale Idrocarburi、イタリア国営石油会社）として再出発することとなった。

ENI の初代総裁の座についたエンリコ・マッティは、当時、セブン・シスターズと呼ばれた石油メジャーに戦いを挑んでいく。マッティは、イタリアの置かれた状況を小さな猫のたとえ話を使って次のように説明している。「大きな犬どもが鉢の中でえさを食べているところに一匹の子猫がやってきた。犬どもは子猫を襲い、投げ捨てる。我々イタリアはこの子猫のようなものだ。鉢の中には皆のために石油がある。だがあるやつらは我々をそれに近づけさせたがらない。」この寓話によってマッティは当時のイタリアの貧困層から絶大な人気を集め、政界からの援助も受けるようになる。

エンリコ・マッティ率いる ENI は、中東に進出する。1949 年 10 月、イランで国民戦線が創設され、モサデグが党首となり、1951 年にアングロイラニアン石油の国有化を宣言する。これに対して、国際石油メジャーはその販路を断ち、対イランの姿勢を明確に示した。その後 1957 年に、CIA が中心となってモサデグ政権は倒されるが、そのイラン政権に対してエンリコ・マッティは、利益配分イラン側 75：ENI 側 25 の石油開発利権協定を締結することによって国際石油メジャーの海外石油開発戦略に打撃を与える。当時、国際石油メジャーは、資源ナショナリズムの高まりを受けて、石油開発利権協定の締結にあたって、50：50 の利益配分方式を中東でしぶしぶ認め始めたところであり、マッティの決断で ENI が導入した 75：25 の新しい利益配分方式は、その後の中東における新基準として通用するようになる。マッ

ティは、この契約を成立させるため、イタリア女王とイラン国王の婚姻というアイデアを提唱したとも伝えられている。

　さらに、マッティは、エジプト、モロッコ、リビア、チュニジア相手に石油外交を展開していく。特にリビアとは、1959年に50年間の石油開発の契約を締結し、その後10年後のカダフィ大佐による革命や米国の経済制裁などを経験しつつも、現在に至るまで操業を続けています（リビアの原油生産の2割程度をENIが担っていると言われる）。また、1957年には、対仏独立闘争をしていたアルジェリア独立派に対して融資を開始するなど、マッティは中東の最貧国や共産圏の国々との協力関係を次々と築いていく。

　2006年12月に、イタリアの独占禁止局がENIとガスプロムが戦略的パートナーシップの合意を承認する。これに先立ち、ENIのガス子会社であるSNAMとガスプロムは、ロシアの天然ガス・パイプライン網をSNAMが近代化するという契約を1993年に締結している。2006年12月14日、ENIのCEOであるパオロ・スカロニ氏は、雑誌「Russian Financial Control Monitor」の中で、イタリアとロシアの関係について、次のように述べている。「我々は、ガスプロムそしてロシアと50年に及ぶ関係があり、同社は欧州そしてイタリアへのエネルギー資源の供給に関して基本的かつある意味で他に替え難い役割を果たしている。欧州メジャーが長期契約を求めるのは偶然ではない。」この「ロシアと50年に及ぶ関係」は、1960年に、エンリコ・マッティがソ連のフルシチョフと交渉し、市場価格より低い値段での石油輸入契約を締結することに始まる。当時のイタリア市場は、国債石油メジャーの一角をなすエクソンとBPに占められていたのを、ソ連との契約によってダウンストリームにおいても国際石油メジャーによる寡占体制を打破したのであった。

　このような背景の中、1960年8月9日、ニュージャージー・スタンダード石油（エクソン）のラズボーン社長は、アラブ民族主義の高まりを伝える記者ワンダ・ヤブロンスキーの警告に耳を貸さず、産油国に何の相談もなく、石油買い取り価格を一方的に引き下げる。これ

に猛反発した産油国は、サウジアラビア石油相アブドル・タリキ、ベネズエラ石油相ペレス・アルフォンソの奔走により、同年9月10日にバグダッドで石油輸出国会議を開催し、そして、その4日後の9月14日、OPEC が結成された。

このように、OPEC とは、それまでの国際石油資本の市場支配に対抗して、産油国がアイデンティティを獲得し、市場での発言力を増す手段の一つとして設立されている。その背景には、「資源ナショナリズムの拡大」という大義が存在したのであった。

一方、GECF については、先に述べたように、ロシア主導で設立されたカルテルとの側面が強いとの見方が存在する。原油と異なり、天然ガスは膨大なコストがかかるパイプラインが必要であり、長期契約が通常である。そのため、カルテルはうまく機能しないだろうと見られている。

日本の天然ガス業界に目を向けてみると、エンリコ・マッティのような人物もいなかったし、イタリア ENI のような企業も存在しない。それは、日本の政治自体が、国際政治にコミットをしようという姿勢が足りないのかも知れないし、その姿勢以前に、マッティを突き動か

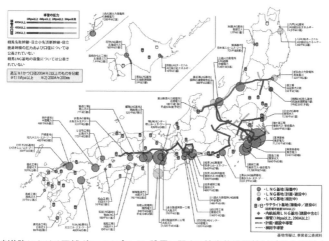

出所：高速道路における天然ガスパイプライン設置に関する技術的課題検討委員会資料（一般財団法人国土技術研究センター）

図9-8 我が国のパイプライン・LNG基地等の現状

したのが「資源ナショナリズム」への理解であったわけだが、日本の政界、財界にはそのようなポリシーがないのかも知れない。

　日本にも、天然ガス・パイプライン網整備の構想がある。天然ガスについても、電力と同様に、TSO（トランスミッションシステムオペレータ）とDSO（ディストリビューションシステムオペレータ）という概念があるが、日本にはTSOが存在しない。

　このように日本の天然ガス業界は、世界標準から何周か遅れていると言わざるを得ない。

　大義に大小があるのかどうかは主観的なものかも知れない。では、GECFの存在はどのような形で正当化されるのであろうか？そのような分析の方法は存在するのだろうか。

　以下では、そのフレームワークの存在の可能性を紹介して本節を閉じたい。

　天然ガスの価格の決定のような問題は、「交渉問題」として定式化が可能である。

　そもそも「交渉」とはどういうものであろうか。複数の人間（以下、プレイヤーと呼ぶ）がそれぞれ独立な目標を持っているものとする。すると、プレイヤーが独自の目標を達成しようとすれば、各プレイヤーの目標の内容によっては、プレイヤーが置かれた状況次第で、目標が達成されるプレイヤーと目標が達成されないプレイヤーが現れる。このような場合にプレイヤー同士が協調するために、各プレイヤーは「交渉」を行う。交渉において、プレイヤー同士は、時には互いに譲り合い、時には一方が他方を説得し、ある合意案を形成する。合意案は、その交渉に関わるプレイヤー全員によって了承されなければならない。

　この交渉をどのように定式化するかについては幾つもの可能性が存在するが、その中の一つのアイデアは、ゲーム理論的に効用を定義し、交渉の合意案はいわゆる効用最大化原理を満たすものとするアイデアである。n人ゲームは、ゲームのプレイヤーi、各プレイヤーの戦略

giの集合、戦略の集合の直積上の実数値関数である効用関数 f(gi) の組として表現される。プレイヤーと、プレイヤーの戦略が決まったときの効用関数の値を効用と呼ぶ。各プレイヤーについて独立した複数の戦略だけを考えるとき、純粋戦略と呼ばれている。

　各プレイヤーについて、交渉が成立したときに得られる効用 s と、交渉しなかったときや交渉が不調に終わったときに得られると予想される効用 f を定義する。交渉の合意（妥結点）は各プレイヤーについて、次の性質を満たすものである。

● 個別合理性：妥結点で各プレイヤーについて、 s ≧ f
● 共同合理性（パレート最適性）：交渉は全プレイヤーの効用 s が改善される限り継続され、妥結点が得られると、各プレイヤーの効用 s を改善する妥結点は存在しない。

　妥結点は複数ある場合もある。上の二つの性質を満たす妥結点の集合を交渉集合と呼ぶ。交渉問題が与えられたとき、最終的な一つの解を交渉解と呼ぶ。交渉解は交渉集合に含まれる。

　交渉問題が与えられたとき、交渉解を得るまでにプレイヤーが従うルールを「交渉プロトコル」と呼ぶ。交渉プロトコルは、次のような性質を満たすものが望ましいと言われている。

● 有用性：交渉の結果として得られたものは有用でなくてはならない
● 安定性：どのプレイヤーも合意した内容から他の戦略に変更する動機をもたない
● 単純性：交渉に必要な通信コストが低く、計算の煩雑さも低い
● 分散性：交渉がボトルネックとならないために、交渉に参加するプレイヤーの他に、意思決定のために中心的存在となるプレイヤーを必要としない
● 対称性：交渉において、交渉に参加するプレイヤーは平等である

「有用性」と「安定性」は、個別合理性と共同合理性（パレート最適性）のことである。

　たとえば、第1の時刻 t = 1にプレイヤー1がパレート最適性を満たす妥結点の一つをプレイヤー2にオファーする。プレイヤー2がそのオファーを了承すれば、合意したとみなされ交渉は終了する。そうでなければ、今度はプレイヤー2がオファーする。これを両者が合意するまで続けるが、ここで例えば、各プレイヤー i には、オファーのたびに自分に付与されている効用が所定の割合だけ割り引かれる、というルールがあっても良い。このような状況で、交渉ゲームに唯一の均衡点が存在することが知られている。このような交渉を、交互提案ゲームと呼ぶ。

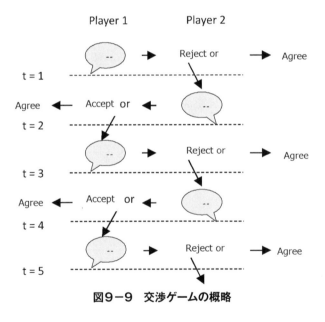

図9−9　交渉ゲームの概略

　戦略 gi の組だけを考えることを「純粋戦略」、各戦略について割合まで考えることを「混合戦略」という。p を 0 から 1 までの数、戦略をとして g1、g2 があるとき、たとえば、p g1+(1-p) g2 のようなこと

を考えるのが混合戦略である。

　ナッシュ均衡解は、各プレイヤーが情報交換も協力もしないという非協力ゲームの解である。ここではプレイヤー間の「交渉」はない。端的に言えば、フォン・ノイマンの２人プレイヤーでのゼロサムゲームにおける「ミニマックス定理」を、ｎ人非協力ゲームにまで拡張して得られる均衡点のことである。ここにおいて導かれた「ナッシュ均衡」とは、他のプレイヤーが同一の戦略をとり続ける限り、あるプレイヤーが自らの戦略を変えたとしても、自身の利得を増やすことができないということ意味する。この均衡点の存在を、有限個の戦略がある純戦略ｎ人非協力ゲームに対して証明したのがジョン・ナッシュである。このナッシュ均衡解は、交渉がない場合の解であり、動物生態学の世界で使われている。

　さらに、このナッシュ均衡解をさらに「交渉」がある場合に拡張したのがナッシュ交渉解である。ナッシュ交渉解は、各プレイヤーの基準点からの効用の増分の積を最大にする点を妥結点とするものである。

　交渉問題の状況に対して設定される要求ゲームについてジョン・ナッシュは顕著な結果を残している。「ナッシュ・プログラム」と言われているものである。

　要求ゲームでは、各プレイヤーはそれぞれ混合戦略を選択する。プレイヤーが２人なら、２人の要求が両立不可能である場合に、使用を強制される戦略をプレイヤーの「威嚇」とする。プレイヤーたちは互いに自分の威嚇を知らせあう。ここでは各プレイヤーが独立に行動するという仮定がおかれている。プレイヤーは相手からの威嚇に対して、協力するかしないかを選択する。各プレイヤーは、自分に利得がもたらさないかぎり相手に協力しない。この利得の実現可能集合を考え、実現可能集合に関する要求ゲームの特性関数を導入して、各人の利得と戦略の組を関係付ける。次いで、この特性関数を解析的手法で平滑化することで、要求ゲームの近似である「平滑化された要求ゲーム」を考える。この「平滑化された要求ゲーム」の唯一の「ナッシュ均衡

解」の存在をジョン・ナッシュは証明している。そして、この「平滑化された要求ゲーム」が元の要求ゲームに近づくと、その均衡解はナッシュ交渉解に近づいて行く。このように、ナッシュ均衡解とナッシュ交渉解は、交渉問題における要求ゲームに対して「平滑化された要求ゲーム」を考えると、関連が付くのである。

　非協力ゲームとは、各プレイヤーが互いに協力することなしに、自由競争をするようなゲームである。一方、協力ゲームでは、ジョン・ナッシュも指摘しているように、「高度に合理的」で人間離れしたプレイヤーが仮定されている。つまり、非協力ゲームでは資本主義の市場原理主義のような状況であり、協力ゲームではハイエクが嫌いだった計画経済的社会主義のような状況である。この両者は、協力と競争を「なめらかに」することによって結びつくというのがジョン・ナッシュの発見である。

　このように、ゲーム理論的な「交渉」は、資本主義の市場原理主義とも計画経済的社会主義とも異なる「ルール」を生成する可能性がある。しかも、それが計算機上で、実際のアルゴリズムとして実現可能である。

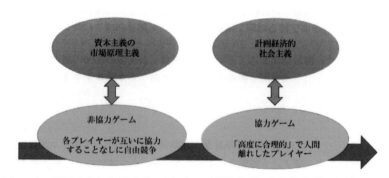

図9-10　平滑化された要求ゲームによって非協力ゲームと協力ゲームが結びつく様子

　将来的には、このようなフレームワークを用いて、GECF のような国際カルテルの有効性が数理的に解析されるようになるだろう。その

とき GECF は経済合理性によって存在意義が理解されるのかも知れない。しかし、現在、政策を経済学的に評価をする学問分野はない。今後、「数理政策経済学」ともいうべき学問の構築が期待される。

▌9.4　イノベーションと天然ガス

　石油に関して 1972 年にローマクラブが「静態的耐用年数」を 31 年と発表してセンセーションを引き起こした。しかし、2019 年の時点で石油の「可採年数」は 51 年と見積もられている。天然ガスは 53 年である。もちろん、「静態的耐用年数」と「可採年数」は定義が違って、大雑把には、前者は埋蔵量を年間使用量で割った値、後者は埋蔵量を年間生産量で割った値であるから単純な比較はできないが、何を言いたいかと言えば、半世紀前も今も石油の埋蔵量は数十年分であるということである。このようなことが生じる理由の大きな部分は技術の進歩である。

　メタンハイドレートを思い出しても良い。メタンハイドレートについては、海域にあるメタンハイドレートから 10％のメタンをエネルギーとして取り出すことができれば、天然ガスにして 30 ～ 140 年分を供給することができるとされている。メタンハイドレートについては、採掘は可能なのに事業化が進まないのは、某 T 社が採掘技術を持っているのだが、某氏が利権を握っているから進まない、というような噂がまことしやかに囁かれたこともある。しかし、採掘技術があれば事業になるわけではない。採掘技術の他に必要な技術がある。それに仮に技術が揃っているとしても、技術だけで事業になるわけではない。

　ジョセフ・シュンペーターの「イノベーション」の具体例は、（a）新しい商品の創出、（b）新しい生産方法の開発、（c）新しい市場の開発、（d）原材料の新しい供給源の獲得、（e）新しい組織の出現を含んでいる。このうち、「（a）新しい商品の創出」と「（b）新しい生

203

産方法の開発」は確かに技術の進歩に直結しているが、他の項目は必ずしもそうではない。イノベーションというと、技術の進歩と混同されることがあるがそうではない。「イノベーション」を「技術革新」と訳したのは誤りである。

　日本発明協会が「戦後日本のイノベーション 100 選」を発表している [8]。「高度成長期」のイノベーションとして「液化天然ガス（LNG）の導入」が含まれている [9]。LNG の導入がイノベーティブである理由を日本発明協会は次のように説明している。

　現在でも（2012 年度）日本は世界最大の輸入国であり、8 カ国から長期計画による輸入を行っている。そして、LNG はスポット市場も成立するほどの国際商品になった。特に急成長する韓国や中国で導入が進み、いまやアジアのみならず世界的規模での導入が進んでいる。さらに、シェールガス革命と言われる天然ガスの開発によって LNG の国際取引は現在また新たな脚光を浴びている。そのような LNG の国際取引化の一歩を記した大きなプロジェクトとして、この世界初の LNG 発電・ガス供給は位置付けられよう。

　LNG は気体の天然ガスをマイナス 162℃に冷却・液化し、体積を600 分の 1 まで凝縮したものである。1950 年代後半までの日本では、国内の石炭産業を保護するために、電力事業や都市ガス事業では、国内炭の使用が義務付けられていた。一方、この 1950 年代後半は日本が高度経済成長に入った時代でもあった。日本の大都会では人口が急増し、とりわけ東京ではその住宅地も郊外へと急速に展開していた。都市ガス需要が量的、地理的に急速に増加、拡大していくことが確実

---

[8] http://koueki.jiii.or.jp/innovation100/innovation_detail.php?eid=00008&age=high-growth
[9] 東京ガス資料「LNG50周年」
https://www.tokyo-gas.co.jp/IR/library/pdf/anual/19japanese.pdf.

な情勢にあって、石炭に代わる都市ガス原料の確保、輸送導管の遠距離化など新たな対応がガス業界に求められるようになっていた。

このような背景の下、世界初の天然ガス発電とガス事業へのLNGの共同供給システムを構築したのは、1950年代後半から導入につき検討を重ねてきた東京ガスと、その導入に向けた方針に賛同し共同事業とすることに同意した東京電力である。東京電力（現JERA）と東京ガスは、1967年3月、三菱商事による輸入代行業務サポートのもと、マラソン・オイル社、並びにフィリップス・ペトロレアム社（現コノコフィリップス）とLNG売買契約書を締結した。その後、1969年11月に東京電力南横浜火力発電所（当時）と東京ガス根岸工場（当時）からなる両社の共同基地である現在の根岸LNG基地（神奈川県横浜市磯子区）に、アラスカからLNG船「ポーラ・アラスカ号」が入船し、日本で初めてLNGが導入された。

プロジェクトの概要は下の通りである。

● LNGの輸入数量の概要は数量：年間96万トン（約13.5億㎥）
● 東京電力：72万トン
● 東京ガス：24万トン
● 契約斯間：15カ年
● 輸送方法：3万トン（LNG）タンカー2隻による。1隻16航海／年

天然ガスの供給源であるアラスカのクック湾およびキナイ半島の米国2社保有のガス田から産出されるガスは、ガス田からパイプラインでニキスキ基地へ送られ、前処理されたあと、大気圧で−161.5℃という超低温において冷却液化され、LNGとして一旦貯蔵される。続いてLNGタンカーへの積み出しが行なわれる。海上輸送されたLNGは横浜市の根岸において荷揚げされ、貯蔵用LNGタンクに一旦貯蔵される。その後、気化器において再ガス化され天然ガスの形に戻して東京電力の南横浜火力発電所（35万kWユニット2台，計70万kW）の発電用燃料に、一方では東京ガスの都市ガス用原料として使用する。

LNG貯蔵と再ガス化（LNGプラントと呼ぶ）は東京ガスが運営することになっているが、この設備は東京電力の発電所とも直結されているため、両社の設備は極めて緊密な運用を行なうことになる。すなわち、米国供給側はアラスカの液化基地と3万トンLNGタンカー2隻、日本の受け入れ2社は受け入れ、貯蔵、都市ガス製造、発電のプラントの建設・建造を行なった。

ちなみに、東京ガスが天然ガスパイプラインを敷設したのは1964年で、全長220kmのパイプラインで関東一円を囲む「天然ガス環状幹線」が完成している。当時の日本の都市ガス業界で初となる口径750mmの高圧導管を採用したのが特徴である。

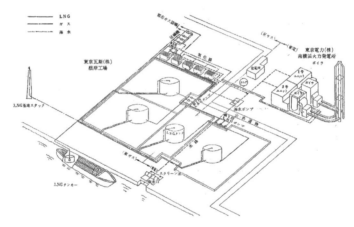

出所：竹内哲夫、「LNG利用の火力発電について」、低温工学Vol.5, p.125 (1970)
図9-11　根岸LNG基地の系統図

このプロジェクトの鍵の一つは、天然ガスの海上輸送技術であった。

天然ガスは低級炭化永素の混合体であり、大きくは以下のように分類される。

●石尿系ガス

　メタンガスで炭田より産出する

●水溶性ガス

メタンガスで水に溶解している

● 構造性ガス

メタンを主成分とするドライガスの場合と比較的プロパン、ブタン類を多く含むウェットガスの場合がある

● 石油随伴ガス

石油の生産に伴なって産出されるガスでメタン・ニタン・プロパン・ブタンを含む

天然ガスの組成は産出地ごとに異なるが、上記のうち資源的に最も

表9－3　LNGの組成例

Producing Country (Lording Port) 産出地(積み出し地)		Alaska (Kenai) アラスカ (ケナイ)	Brunei(Lumut) ブルネイ (ルムット)	Indonesia East Kalimantan (Bontang) インドネシア 東カリマンタン (ボンタン)	Indonesia North Sumatera (Arun) インドネシア 北スマトラ (アルン)	Australia (Withnell Bay) オーストラリア (ウィズネルベイ)	Malaysia (Bintulu) マレーシア (ビンツル)	Qatar (Ras Laffan) カタール (ラスラファン)
INGREDIENT (MOLE %) 成分(モル%)	CH4	99.81	89.62	90.45	89.1	87.51	89.33	89.92
	C2H6	0.07	5.25	6.18	8.03	8.28	5.57	6.60
	C3H8	0.00	3.40	2.47	1.55	3.30	3.46	2.25
	i-C4H10	0.00	0.71	0.45	0.34	0.39	0.80	0.41
	n-C4H10	0.00	0.96	0.43	0.40	0.46	0.68	0.64
	C5H12	0.00	0.03	0.01	0.03	0.01	0.00	0.00
	N2	0.12	0.03	0.01	0.04	0.05	0.00	0.18
Liquid Density(kg/m3) (Temperature) 液体密度(kg/m3)(温度)		420.0 (-160℃)	463.7 (-159.1℃)	455.0 (-158.5)	454.3 (-158.2)	464.5 (-158.7)	464.2 (-159.8)	457.4 (-159.1)
Gross calorific Value (MJ/m3N) 総発熱量(MJ/m3N)		39.7	45.2	44.2	44.0	45.2	45.1	44.2

The Source-The Japan Gas Association「LNG small scale plant (Technical Guide Line)」(2000) etc.
出所：日本ガス協会「LNG小規模基地（技術ガイドライン）」（2000）他

表9－4　天然ガス成分の物理化学的特性

名称 項目		メタン	エタン	プロパン	n-ブタン	i-ブタン
分子式		CH4	C2H6	C3H8	C4H10	C4H10
分子量		16.04	30.07	44.09	58.12	58.12
ガス密度	(kg/m³, 0℃ 1atm)	0.7168	1.3562	2.0200	2.5985	
ガス比重	0℃, 1atm 空気=1	0.5544	1.0493	1.562		
液密度	(kg/l) 20℃			0.5005*	0.5788	0.5572*
	1.033 atm	0.4246	0.5467	0.583	0.600	0.596
蒸気圧	(atm) 0℃		24	4.7	1.03	1.60
	20℃		37	8.0	2.00	2.95
融点	℃ 1atm	-182.48*	-183.27*	-187.69*	-138.35	-159.60
沸点	℃ 1atm	-161.49	- 88.63	- 42.07	- 0.50	- 11.73
臨界温度	℃	-82.5	32.27	96.81	152.01	134.98
臨界圧力	atm	45.80	48.20	42.01	37.46	36.00
臨界密度	kg/l	0.162	0.203	0.220	0.228	0.221
蒸発潜熱	kcal/kg	121.9	117.0	101.8	92.09	87.56
ガス Cp	1atm 25℃	0.534	0.422	0.404	0.407	0.404
比熱 Cv	1atm 25℃	0.401	0.356	0.359	0.373	0.370
総発熱量(ガス)	kcal/kg 1atm 25℃	13,265	12,399	12,034	11,832	11,797
真発熱量(ガス)	kcal/kg 1atm 25℃	11,954	11,350	11,079	10,926	10,892

* 飽和圧における数値

出所：山本勝郎、「天然ガスの冷凍輸送」、工業化学雑誌 Vol.62 (1959) p.1651

多いのはメタンを主とする石油系構造性ガスで、ついで石油系随伴ガスである。米国におけるその生産の割合は約2：1である。

　メタン、エタンは常温ではいかに圧力を加えても液化しないが、プロパン、ブタンは加圧により液化することができる。つまり、メタン、エタンを海上輸送するためには低温液化しか手段はないが、プロパン、ブタンは加圧液化と冷凍液化の両方の手段がある。

　LNGの海上輸送技術であるが、コンストック社の「メタン・パイオニア号」による天然ガスの冷凍液化輸送の新技術が完成するのは1959年2月である。「メタン・パイオニア号」は、実験船で、5,000トンの貨物船1隻を改造したものである。船艙には400トンの液化メタンが収容できる長方形アルミニウム製タンク4基が据え付けられており、そのタンクの外側には約12インチ（約30cm強）の厚さの板材が装備され、この装備されたタンクは鋼製ジャケット内に閉じこめられていた。この年に「メタン・パイオニア号」は、米国・ルイジアナ州レーク・チャールズから英国・キャンベイ島まで2,200トンのLNGを海上輸送している。日本のLNG輸入の第1船である「ポーラ・アラスカ号」が、アラスカ・ケナイ基地から3万トンのLNGを満載して、東京ガスの根岸工場（神奈川県横浜市）に着桟したのは、1969年11月4日のことである。「メタン・パイオニア号」が「実験」をしてから10年が経過している。

　この「メタン・パイオニア号」が運航されるためにはもちろん、レギュレーションを満たさないといけないが、これに関する米国沿岸警備隊の暫定規定の大綱が設定された。安全性に関しては、液化天然ガス、液化石油ガス（プロパンも含まれる）のいずれを船で運ぶにせよ、ボイルオフガスの処理が必要である。ボイルオフガスは不活性ガスまたは空気で薄めたのち排出する、また船内動力室で燃料として用いても良いし、または再液化して積荷タンクに戻すことが可能である。多くの場合は、船内動力室で燃料として用いられる。保安の点では積荷タンクへの空気洩入防止、タンク・配管線・接続部分での洩れの検知、

塗装壁状態の観察、船艙の通気、および船船内空気中の炭化水素ガス検知等の対策が必要である。建造に関してアメリカ船級協会（1862年設立）とロイド船級協会（1769年設立）の認可が取られている。

技術が天然ガス市場を変えるという意味では、2019年1月14日付の日本経済新聞に次のような記事がある。

液化天然ガス（LNG）ビジネスの境界が急速に消えつつある。買い手である電力・ガス会社がガス田開発や液化などの上流事業に進出する一方、石油開発会社は消費国での受け入れ基地や小売りなど川下分野に手を広げる。業態の垣根を越えた競争が加速する中で、存在感を増す意外な伏兵がいる。LNG輸送を手掛ける商船三井である。

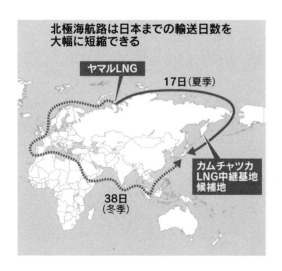

（中略）

商船三井は建造中を含め、90隻超の輸送船を保有するLNG輸送の最大手だ。それが買い手の集まりに加わる狙いについて、松坂顕太常務執行役員は「LNGビジネスのバリューチェーンを、

輸送を中心に川中・川下へ伸ばしていく。そのために GIIGNL に加わり情報交換することに意義がある」と説明する。

　海運会社の川中・川下事業とは何か。カギとなるのが、FSRU（浮体式 LNG 貯蔵・再ガス化設備）や FSU（浮体式 LNG 貯蔵設備）と呼ばれる技術だ。FSRU とは産地から運ばれてきた LNG を貯蔵し、必要に応じて気化する設備。運用時は港湾などに係留するが、LNG 輸送船と同じように航行もできる「動く受け入れ基地」だ。

　商船三井は世界最大級の能力を持つ FSRU「チャレンジャー」をトルコ南部に設置済み。インド西部の FSRU プロジェクトでも操業保守を受け持つ。新興国で増大する LNG 需要に対応する FSRU は受け入れ基地の運営へ海運会社が進出する道を開いた。FSRU の先には発電や都市ガス供給との連携など、さらに下流ビジネスも視野に入ってくる。

　船舶を土台に貯蔵へと広がる技術は LNG 取引の流れも変える。18 年 7 月、ロシア極北のヤマル半島から 8 万トンの LNG を運んできた輸送船「ウラジミル・ルサノフ」が中国・江蘇省の受け

世界最大級のFSRU「チャレンジャー」

入れ基地に到着した。商船三井が中国国有海運会社と共同で保有する同船は、北極海からベーリング海峡を抜けて太平洋に入る航路を初めて使った。

　ヤマルLNGは厳寒の地にある。場所により夏季でも氷の厚さが2メートルを超える北極海を航行するために、ウラジミル・ルサノフは氷を割って進む砕氷機能を持つ。その分、船体に使う鋼材は厚く、従来の輸送船に比べて燃費は大幅に悪い。

　日本までの輸送日数は東回りの北極海航路なら17日。欧州からスエズ運河を使う西回りルートに比べて日数を半減できる。北極圏ではヤマルLNGに続くプロジェクトも計画されている。ロシア産LNGがアジア市場で競争力を得るには輸送コスト低減が必要だ。

　商船三井はロシアのエネルギー会社、ノバテクや丸紅と、カムチャッカ半島にLNGの中継基地をつくる計画を進めている。36万立方メートルの貯蔵能力を持つFSU2隻を設置、北極海から砕氷LNG船で運んできたLNGをいったん貯蔵し、従来型の輸送船に積み替えてアジア各地に運ぶ。日本の年間需要の4分の1にあたる年間2千万トンの積み替えを計画している。

　LNG市場の拡大と新技術の台頭はプレーヤーの役割も変える。

　この記事のポイントは、FSRU（浮体式LNG貯蔵・再ガス化設備）やFSU（浮体式LNG貯蔵設備）という技術が天然ガス市場を変革しようとしているということである。天然ガスの取引は、長期契約の相対取引が主流であったが、スポット取引の拡大によって、次のようなことが起こって行くと考えられる。
　①スポット取引の拡大

②スポット市場の整備：指標の導入

③デリバティブ市場の発生と発達

④ LNG 先物市場の発生と発達

　日本でも 1996 年に経済産業省が「LNG 市場戦略」を発表している。この中で経産省は「流動性の高い LNG 市場と日本 LNG ハブの実現に向けて」というキャッチフレーズを謳っている。しかし、2020 年の今日、上記の①〜④のようなことが日本で起こる気配はない。

　日本でイノベーションが起こらない理由は何なのだろうか。ヒントの一つは、第一次産業革命が何故に英国で起こったのかの分析に見られる [10]。

　ある民族が誇り高く、高度な固有の文化を持っているとき、その民族は奢り高ぶり、あまり外部のものを真似ることができない。プライドが許さないからである。これに対して、民族的に混血を繰り返している、いわば流動的状態にある民族は、そのような硬直的な文化感がなく、したがって新規なアイデアが外部にあれば、貪欲にそれを摂取する傾向が高い。

　つまり、当時、文化的に遅れていた英国で、ヘンリー 8 世がヨーロッパ中から集めた優秀な技術者によって鉄製大砲が製造されたとき、オランダなど他のヨーロッパの文化先進国は、外部にある新規なアイデアを貪欲に摂取しようということは出来なかった。今の日本は、第一次産業革命で英国に後塵を拝した奢り高ぶった民族の国と同じ体質なのだろうか。

---

[10] 薬師寺泰蔵「テクノヘゲモニー」(中公新書、1989)

9.5　環境問題と天然ガス

　世界的に見れば、「地球温暖化防止」対策の柱として、欧州でも、
米国でも、中国でも韓国でも、天然ガスパイプラインネットワークの
整備は進んでいることは既に述べた。**図9－12**は韓国の天然ガスパ
イプライン整備の状況を示している。

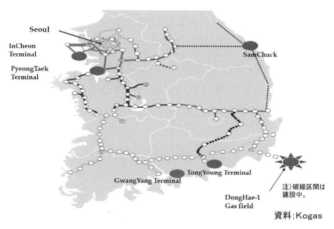

出所：Kogas

図9－12　韓国の天然ガスパイプライン整備状況

　「地球温暖化防止」という「二酸化炭素温暖化」に連なる環境用語
が現れた。「二酸化炭素温暖化」説は、20世紀後半に原子力発電を推
進するために、カナダやオーストラリアや南アフリカのウラン利権を
持つオリガーキーが提唱したという噂がある。原子力発電は、石油や
石炭のように炭素物質の燃焼熱を利用せずに、ウラン原子の核分裂反
応の崩壊熱を利用するので、運用の過程で二酸化炭素を排出しない。
よって、何らかの意味で、二酸化炭素悪玉説が定説化すれば、石油燃
料や石炭燃料の火力発電に対してネガティブなイメージを打ち出せる
し、クリーンなエネルギーとして原子力発電を印象付けることができ

213

る。もちろん、環境保全を主張することに何らかの問題があるわけではないし、環境保全をビジネスに利用することが悪いことではない。

　ここでは、「地球温暖化」が嘘であるとか、地球温暖化が二酸化炭素濃度との相関がない、と主張したいわけでは「ない」。**図9－13**は20世紀後半以降の世界の平均気温を、自然要因だけを考慮したシミュレーションの結果と、自然要因に人間活動の影響を加えたシミュレーションの結果を比べたものである。自然要因とは、太陽活動と火山の影響である。少なくとも科学者の間では、地球温暖化は、人間活動による二酸化炭素濃度の上昇に起因すると広く考えられている。ちなみに、**図9－13**は自然要因のみを考慮したシミュレーションによる気温上昇と、人為要因を考慮した気温上昇の比較である。**図9－13**で人間活動による世界の平均気温の上昇が顕著となる頃に、日本の現在の環境省の前身である環境庁が創設されている。1971年のことである。

　「環境保全」と日本のLNG導入との関わりは、そのころの政治を振り返ってみると浮き彫りになる。

　日本に初めて本格的にLNGが導入されたのは1969年である。1969年には初の公害白書が総理府により発表されている。白書には当時の状況を次のような記載がある。

「我が国の経済は戦後の復興期を脱し、昭和30年代に入ると急激な経済発展期を迎え、技術革新、エネルギー転換、産業構造の変革等生産活動の著しい、大規模化が進行していった。（中略）鉱工業生産やエネルギー消費量は急激に高まり、これに伴い、工場からのばい煙や排水などの排出量が増大し、広域的な大気の汚染や水質の汚濁等の問題を発生させた。特に、エネルギー源の石炭から石油系燃料への転換や巨大なコンビナートの形成に伴って、火力発電や石油化学工場等から排出されるばい煙の内に含まれる硫黄酸化物などによる広範囲にわたる大気の汚染が新たな問

題として登場するに至った。」

──

　1970 年には、公害国会とも呼ばれることになった第 64 回国会で、公害対策基本法の改正をはじめ 14 もの公害関連法案が可決されるなど、環境規制の強化が図られる。我が国の産業界は「公害対策なしに生き残りなし」という状態にまで追い込まれた。環境庁の設置が 1971 年である。

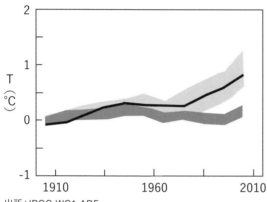

棒グラフ：観測結果

薄い帯：
自然要因（太陽＋火山）
＋人為要因（温泉効果
ガス等）を考慮した
シミュレーション

濃い帯：
自然要因のみ考慮した
シミュレーション

出所：IPCC WG1 AR5

図 9−13　自然要因のみを考慮したシミュレーションによる気温上昇と、人為要因を考慮した気温上昇の比較。20 世紀半ば以降の世界平均気温上昇の半分以上は人為起源の要因による可能性が高い。

　このプロジェクトは、公害問題にも大きな影響を与えた。重油等による火力発電の大気汚染問題によって各地で行き詰まっていた発電所の立地問題に新たな展望を切り開いたのである。世界初の LNG 発電の成功は、他の電力会社、ガス事業者にも大きなインパクトを与え、1973 年にはブルネイの天然ガスが、上記 2 社に加え大阪ガス、関西電力境港発電所と新日本製鐵堺製鉄所に対しても供給されることになった。
　東京ガスが LNG 導入を検討するきっかけとなったのは、1957 年に、米国の石油生産会社オハイオ・オイル社（後のマラソン・オイル社）とユニオン・オイル社から東京ガスに LNG 導入の打診があったから

である。その後、日本にLNGが導入されるのは12年後のことである。

東京ガスがLNGの導入を決めたのは、1960年のことである。導入を決定付けた理由は、

①天然ガスはすでに埋蔵量豊富にして将来的にも積極的な確認作業により飛躍的な増大が期待される。一方、天然ガスを利用する国はいまだ少なく、安定供給が期待できる、

②天然ガスはもともと不純物の含有は少なく、さらに前処理で硫黄フリーとなり公害対策上最も適切である、

③天然ガスは熱量が高いためストレート供給により既設配管の供給能力が増大しガス製造設備の合理化が可能で、高い投資効率が得られる

というものであった。

「天然ガス時代」の始まりを公式の記録として留めるのは、東京ガスが1967年に発表した第5次5カ年計画である。ここで東京ガスはメタンのストレート供給計画を打ち出している。ガス製造、供給インフラ整備計画も、LNGの輸入拡大と受入基地、メタン環状幹線建設に集中される。1971年の正月、すでにアラスカLNG導入を成し遂げ、社長就任後3年を経過していた安西浩氏は、年頭の辞で

「当社は現在、LNGを軸とする三つのプロジェクトに取り組んでおります。袖ヶ浦工場の建設、メタン環状幹線の敷設、メタンストレート転換がそれであります」

と述べている。

蛇足であるが、本章の冒頭のサハリン・稚内天然ガパイプライン事業と関連するエピソードを紹介しておく。1967年の第5次5カ年計画に、メタンのストレート供給計画が打ち出されていたことはすでに

述べた。興味深いのは、サハリン天然ガスの名が挙がっていたことである。東京ガス百年史には、

「メタンの供給源としては、アラスカのLNG及び帝国石油が導入を予定しているサハリン天然ガスを考え、根岸工場と帝石ラインを連結することにより供給の安定を図る」

との記載がある。当時は果たされることのなかったサハリン天然ガスの導入だが、東京ガスは2003年、他社に先駆け、サハリン2プロジェクトからのLNG購入を表明した。年間購入量110万トン、24年間の長期契約である。全量FOB（売り主岸壁渡し）契約であり、自社船が輸送を引き受ける。サハリンの天然ガスは、2007年4月、東京ガスの幹線パイプを流れはじめる。ちなみに、サハリン2プロジェクトであるが、東京ガスに続き、東京電力が同年4月から年間120万トンを全量FOBで22年間購入することを決めており、東邦ガスも基本合意書締結に至っている（年間30万トン、2010年4月から23年間、Ex-Ship契約＝買い主岸壁渡し）。さらに、九州電力が2004年6月9日、先陣を切って売買契約を締結した（年間最大50万トン、2009年度から22年間、Ex-Ship）。

1969年にLNGを火力発電用として初めて日本に導入したのは、東京電力が環境対策として導入したもので、東京ガスは東京電力に付き合わされただけという側面がある。実際、LNGが日本に導入されても、しばらくの間は、LNGは専ら火力発電用に利用された。LNGのライバルである都市ガスは、元来はコークス炉ガスを用いていて、水素、メタン、一酸化炭素の混合ガスである。LNG導入当時も同様で、都市ガスのLNGへの転換が行われたのは、火力発電へのLNG導入からかなり遅れて体制が整ってからである。したがって、LNGは公害対策として導入されたというのは正しいが、電力の公害対策として導入されたのであってガスの公害対策とは考えられていなかった。よって、東京ガスがLNGの導入を決めた三つの理由を上掲したが、追加

の理由として、

　①コークス炉ガスに含まれる一酸化炭素による中毒事件の発生を回
　　避すること、
　②ガスパイプのエネルギー輸送効率を良くすること、
というのが考えられる。

　「ガスパイプのエネルギー輸送効率を良くすること」については、
若干の説明が必要かも知れない。インフラ整備と供給熱量の関係を考
えると、単位体積当たりのカロリー量を増やすと、例えば都市ガスの
導管の総延長と供給熱量の関係は非線形に増大させることができる。
東京ガスは 1957 年にカロリーアップ委員会を設置し、石炭ガスのウ
エートを増大させることで標準熱量を 3,600 キロカロリーから 4,500
キロカロリーにアップすることを検討した。1959 年に実施予定だっ
たが実施されなかった。その理由は、天然ガスを中心に据えたガスの
生産・供給、インフラ整備計画を策定することにあったと思われる。
天然ガスは 1 ㎥当たり約 1 万キロカロリーの熱量をもつ。単純に計算
すると、既設インフラで 3 倍の熱量が供給できる。

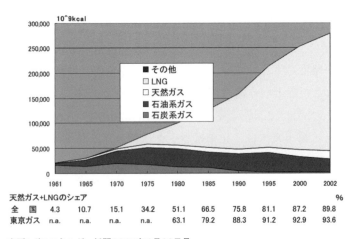

天然ガス+LNGのシェア

	1961	1965	1970	1975	1980	1985	1990	1995	2000	2002 (%)
全 国	4.3	10.7	15.1	34.2	51.1	66.5	75.8	81.1	87.2	89.8
東京ガス	n.a.	n.a.	n.a.	n.a.	63.1	79.2	88.3	91.2	92.9	93.6

出所：ガスエネルギー新聞2004年6月23日号

図9－14　原料別　ガス生産量、購入量の推移

LNG の導入を東京ガスが決めた理由は述べた。それは同時に、天然ガスのメリットであった。供給の安定性、環境問題、そして発熱量の高さが投資効率を高める、ということである。

　逆に、これだけのメリットがありながらも、天然ガスが導入されなかった理由もある。それは、輸送の困難さ、そしてコストの高さである。特に、超遠隔地に賦存するガス資源にとっては、致命的でもあった。天然ガスを輸送するには、機密性を有するパイプラインを使うか、もしくは冷却・液化し、外部からの熱の進入を遮り得る魔法瓶のような容器に詰めて運ぶしかない。つまり液化天然ガスである。それを「メタン・パイオニア号」の誕生が解決したということである。パイプラインでは解決することのできなかった超遠隔地や、海で隔てられた地に賦存する天然ガス資源の有効活用に道を開くことになった。

　東京ガスが LNG の導入を決めてから半世紀ほどが経過し、2015 年に第 21 回気候変動枠組条約締約国会議（COP21）がパリにて開催され、同年 12 月 12 日に「パリ協定」が採択された。パリ協定に含まれる「目標」は次のようなものである。

- 産業革命前からの地球の温度上昇を 2℃ より十分低く保つ。1.5℃ 以下に抑える努力をすること。
- 21 世紀後半に世界の温室効果ガス排出を実質ゼロにすること。

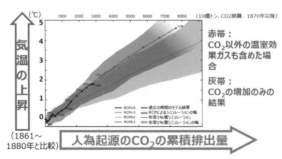

出所：IPCC AR5 WG1 政策決定者向け要約、WG3 政策決定者向け要約

図 9−15　CO$_2$の増加のみを考慮したシミュレーションによる気温の上昇とCO$_2$以外の温室効果ガスを含めた場合の気温の上昇の比較

図9－15はCO_2の増加のみを考慮したシミュレーションによる気温の上昇と、CO_2以外の温室効果ガスを含めた場合の気温の上昇の比較である。CO_2の総累積排出量と世界平均地上気温の変化はおおむね線形関係にある。つまり、気温上昇上限から総累積排出量の上限が決まる。CO_2以外の効果も考慮すると、産業化前からの世界平均気温上昇を最も高い確率（66％以上の確率）で2℃以内に抑えるためには、790GtCの累積排出量が上限になる。2011年までに、既におよそ515GtCを排出している。

　そして、そのために「科学的根拠に基づく排出削減目標SBT（Science Based Targets）」を掲げる動きがある。SBTとは、産業革命時期比の気温上昇を「2℃未満」にするために、企業が気候科学（IPCC）に基づく削減シナリオと整合した削減目標である。事業者自らの排出だけでなく、事業活動に関係するあらゆる排出を合計した排出量が対象である。この運動を推進しているのが「SBTイニシアチブ」である。

　図9－16には、サプライチェーン排出量が、スコープ1から3にカテゴライズされる様子が示されている。そして、SBTの削減目標設定（特にスコープ1＋2）については次のように規定されている。

- スコープ1、2、3それぞれについての目標設定の必要がある
- スコープ1、2の削減経路はほぼ限定されており、原則「総量」削減とする必要がある
- スコープ3の目標に数値水準はなく、は企業ごとの事業特性を踏まえて「野心的」な目標を設定する
- 事業セクターによっては、セクターの特性を踏まえた算定手法も用意されている

　図9－17には削減の経路の例が示されている。参加企業は、まずは、削減経路を選択する。2050年に2010年比で49％削減とするのは必須である一方、2050年に2010年比で72％削減が推奨されている。次に、SBT目標年を、例えば2025年から2030年の中から選択する。

すると、SBT 目標年における削減目標が決まる。

　SBT イニシアチブは、国連気候変動枠組条約パリ会議（COP21）が開催される直前に、気候変動対策に関する情報開示を推進する機関投資家の連合体である CDP、国際環境 NGO の世界資源研究所（WRI）と、世界自然保護基金（WWF）、国連グローバル・コンパクト（UNGC）によって 2014 年 9 月に設立された。現在も、この 4 団体が連携して事務局を務めている。SBT イニシアチブの設立の背景には、当時から気候変動に対して真剣に取り組む姿勢を見せていた企業と、その動きを加速させようとする環境 NGO たちの存在がある。環境 NGO の

出所：環境省「グリーン・バリューチェーンプラットフォーム」中の資料より
http://www.env.go.jp/earth/ondanka/supply_chain/gvc/index.html

図9−16　サプライチェーン排出量

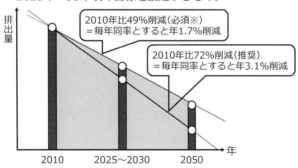

出所：環境省「グリーン・バリューチェーンプラットフォーム」中の資料より
http://www.env.go.jp/earth/ondanka/supply_chain/gvc/index.html

図9−17　SBTのイメージ

ような非営利団体の存在が無視できなくなっている。

　Climate Week NYC は、2004 年に英国で設立された国際環境 NGO の The Climate Group が 2009 年に創設したイベントで、毎年 9 月にニューヨークで行われている。このイベントは、気候変動に強い関心を持つ NGO と企業が集結し、政府や国際機関に対して気候変動へのアクションを求めると同時に、国際的なムーブメントを起こすことを目的としている。この気候変動イベントにとって、2014 年は特別な年で、同年 9 月 23 日から当時の潘基文・国連事務総長のイニシアチブにより、「国連気候サミット」がニューヨーク・国連本部で開催されることになっていたからである。

　Climate Week NYC 2014 が開催された一週間には、今日までに残る国際的なイニシアチブが次々と誕生した。まず「We Mean Business」という企業連合体で、「We Mean Business」は、英語の熟語で「私たちは真剣だ」という意味である。We Mean Business には、会場に集ったアップルなど企業が発起人となり、さらに、BSR、CDP、Ceres、The Climate Group、The Prince of Wales Corporate Leaders Group、WBCSD（持続可能な発展のための世界経済人会議）、B Team という気候変動やサステナビリティの分野で力を持つ国際 NGO が協働する形で発足した。We Mean Business は、その後も加盟企業が増加し続け、加盟企業数の目標は、2030 年には 3,500 社と言われている。

　We Mean Business は、現在 10 のコミットメントを発表しており、「科学的根拠に基づく目標設定の採用」「炭素価格の導入」「再生可能エネルギーへのコミット」「政府の気候変動政策に対する企業のエンゲージメント」「受託者責任（フィデューシャリー・デューティー）としての気候変動情報開示」「2020 年までに全てのサプライチェーンから商品生産に起因する森林破壊を撲滅」「エネルギー生産性向上へのコミット」「水安全性の向上」「世界で最も持続可能な燃料のための市場の成長」の 10 個である。企業は自発的にそれぞれのコミットメントに賛同することが要望され、この 10 個のコミットメントの中で

も、We Mean Business を発足させる協議の中でも、「科学的根拠に基づく目標設定の採用」「再生可能エネルギーへのコミット」の二つは強く意識されていた。そして、We Mean Business が発足した2014 年 9 月 23 日、同時に二つの国際的イニシアチブが発足した。つまり、COP21 の前に、「科学的根拠に基づく目標設定の採用」「再生可能エネルギーへのコミット」の推進への流れの趨勢は決まっていたのである。

　日本のみならず世界的に、電力や天然ガス自由化の流れがある。電力では、世界的に二酸化炭素削減を謳う 2016 年のパリ協定発効とともに、世界的に再生可能エネルギーの大量導入時代の幕が開けたと言われている。

　再生可能エネルギーと天然ガスの関係でいうと、再生可能電力から水素や合成メタンを製造する Power to Gas（PtG）技術がある。PtG技術の発想の一つは、自然変動型の再生可能エネルギーの出力変動を電力系統ではなく、ガス化して水素を製造し、水素自動車や燃料電池自動車に供給したり、天然ガスパイプラインに注入する。PtG のための要素技術自体は、水の電気分解による水素製造や、水素と二酸化炭素からメタンを製造するメタン化の技術であり、コスト面を別にすれば、新規の開発が必要なものでもない。それより、PtG の実現のために必要なものはインフラで、整っていると好適なものとしては、天然ガスパイプライン網、ガス貯蔵設備、天然ガスパイプラインに水素を注入できるような仕組み、それに熱の需要が挙げられる。このような条件は、ドイツなどではクリアーしやすいが、日本でこれらの条件を整えるのは難しいだろう。

9.6　エネルギービジネスと　　　グローバルリーダー論

　冒頭で触れたが、エネルギービジネスにはときどき、フィクサーの

ような人が登場する。ここで断っておきたいのは、フィクサーが介在するような国際間の交渉を否定する意図は全くないということである。とは言え、2国間の事業であるならば、両国政府、そしてその行政機関としての官僚組織が関わらずに事業が推進されることもないことも否定できないことである。このサハリン・稚内天然ガスパイプライン構想でも、例えば、外務省関係者が話を聞けば、「推進議連もあるから、一般常識としては知っているが、省内に担当者がいるのかは知らない」というような反応を示すだろう。永田町にいると、「首相官邸が動くから」とか、「経済産業省を動かすから」という勇ましい言葉を聞くことがあるが、このような言葉も、考えるまでもなく嘘くさい。詐欺話の典型例では、中央官庁や地方自治体などに関わる組織とどうのこうのという話があるのだけど、そのあと調べてみると「担当者」がいない、ということが多々ある。担当者不在なのに、その組織内でその案件について意思決定がなされることはあり得ないことは想像に難くない。

　フィクサーが活躍して成功したエネルギー関連の件を一つだけ紹介しておけば、田中清玄が関わったアブダビ石油会社がある。これに関しては、シナン・レベントによる研究がある[11]。

　田中清玄とアブダビとの関係は、元駐エジプト英国大使たるサー・ジョージ・ミドルトン卿により1967年にシェイク・ザーイドアブダビ首長に紹介されたことに始まっている。田中清玄は中東における石油エネルギー活動を行う上で、もう二人の英国人、BPの会長サー・エリック・ドレークと同社への窓口となっていたアースキン卿の助言・協力を得ていた。このような背景の上で、田中はBPのアブダビ海上油田開発権を「資源小国日本」に寄せるようにBPとアブダビ側の要人に対してロビー活動を始め、最終的にその利権を獲得することに成功している。このようなアブダビ海上油田開発権の獲得のための初段

---

[11] シナン・レベント「田中清玄と中東」アジア文化研究所研究年報vol.53 （2019）p.211

224　第9章　エネルギー文明論

段階を経て田中は、山下太郎によって作り上げられた「日本アラブ石油会社」に次いで二番目の日本企業たる「アブダビ石油会社」の設立経緯にも深くかかわることになる。アブダビ石油会社は、丸善石油株式会社、大協石油株式会社（共に、現コスモエネルギーホールディングス）、日本鉱業株式会社（現 ENEOS ホールディングス）、日本鉱業株式会社（現 ENEOS ホールディングス）の3社が共同で、ADMA（アブダビ海洋鉱区会社）の返還鉱区の国際入札で落札した。そして、アブダビ沖合の石油鉱区の探鉱・開発利権協定が 1967 年 12 月 6 日に締結されることになった。この事業を推し進めるために上述した 3 社の均等出資による資本金 6 億円で 1968 年 1 月 17 日に「アブダビ石油会社」が正式に設立され、入札に参加したこれらの 3 社がアブダビ油田発掘・開発利権を新会社に譲渡し、1969 年 9 月に試掘第 1 号井で出油に成功し、1973 年 5 月に待望の生産が開始され，同年翌月には第 1 号の油田からの出荷が日本に向けて行われた。

シナン・レベントは、田中清玄がこのような活動が可能であった理由として、「英国を中心とする西欧王族国家が、ソ連の中東諸国への権力浸透に対処するために、田中の反共的なノウハウの指導と助言を借りていた」と書く。では、イデオロギカルな素養がある活動家であればフィクサーになれるか、というとそんなことは全くないことも明らかである。

今の時代、「世界のフィクサー」と言われているのは、ロスチャイルド系の投資銀行であるゴールドマン・サックス（GS）である。米国では、1938 年生まれのロバート・ルービンは、28 歳で GS に入社し、1990 年、52 歳で共同会長に就任。1993 年、ビル・クリントン政権誕生とともに大統領補佐官に任命されて、1995 年に財務長官に就任した。1946 年生まれのヘンリー・ポールソンは、28 歳で GS に入社し、ルービンと同様、52 歳で会長兼 CEO となり、2006 年 6 月にブッシュ政権の財務長官となり、政権の深部に入り込んでいる。また、仮想通貨のビットコインが最初に使われた 2010 年のギリシャ危機でも GS は大きな役

割を果たした。日本では、バブルで潰れた日本長期信用銀行をリップルウッドに買わせ、新生銀行として蘇生させたのはＧＳの仲介があったからである。

「世界のフィクサー」と言われるＧＳのやり方は次のようなものである。

- ●ビジネスに徹する
- ●頼まれてから引き受ける
- ●敵を作らない（両張り）
- ●Win-Win 関係を作る
- ●軍事産業には手を出さない

このような原理は、『ロンドン』的なものである。ＧＳに限らず、このような原理は、「ステートキャピタリズム」を支える仕組みとして機能した。

元アクセンチュア代表取締役の海野恵一氏はインタビューでグローバル人材について次のような言葉を残している。

政治でも、ビジネスでも、「人の心」を掌握できないと、外国人を友人にすることはできない。ビジネスや交渉ごとに於いて、誠実に接していれば、相手も分かってくれるなんていうのは、日本人の幻想なんだよ。真面目で誠実であり、そのうえ勤勉で嘘をつかないことが美徳とされる日本文化だけど、海外はそれだけではない。なかには、こうした美徳を、美徳と捉えない国だってある。じゃあ、そんな奴等は相手にしないで、日本に閉じこもっていればいいのか？　そんなワケないんだよ。グローバルにビジネスが動く現代では、嫌でもそういった連中を相手にしないといけない。美徳なんて、これっぽっちも屁とも思っていない連中相手に、どう立ち回るか、どう組むか。それを考える必要がある。

人間の一番の資産は、金でも地位でもない。知識と思考と人脈だよ。グローバルマインドを持つんだ。これからは背筋をピンと伸ばして、俺は親分だって、気概と気迫を持てと言いたい。そのためにも、信頼され尊敬される人物とは何なのかを改めて自分で考えてみることだ。そして、自分は他人から信頼され尊敬される人間か、胸に手を当ててみろ。信頼や尊敬されないと親分にはなれない。そうでない奴が親分みたいな顔をしているから、国は衰退していくんだ。

では、海野恵一氏が上記でいう「親分」になるための要件というのはどのようなものなのだろうか？

ここに安岡正篤氏の直弟子の方がまとめた「重職者心得」がある。筆者が師事した方によるものであるが、斎藤一斎氏の「重職心得箇条」を安岡流に少し修正したものである。二十箇条からなる。重要なことは、部分的に実行しても意味はなく、すべてを実行することであり、これが非常に非常に難しい。しかし、実施しようと努力することは大事かも知れない。

①**理念の実践**

　人間の「禍」の根源はすべて、理念の欠如から生まれるものである。

②**名を正せ**

　重職者は道理に通達していて、聡明かつ厳かで、しかも謙虚でなくてはならない。重職者は絶対に、人前で外見をつくろったり、もったいぶったり、偉そうに威張ったり、横柄な口をたたいたり、肩書や、職務・技術・芸術等の腕を鼻にかけるようなことがあってはならない。こういう者を「小人病」とか「愚者病」ともいう。

③**重厚であれ**

　「君子重からざれば、即ち威あらず」（論語の第1章「学而第一」）。

④**権力を乱用するな**

人を従わせるためには、自分ができるかどうか遣ってみて、人は
はじめて従ってくれる。

⑤見識を高めよ

自分の考えがないままに唯、前例を調べ、それをもとに自分のつ
けたしをなすのは、甚だ無知蒙昧である（凡昏ともいう）。

⑥先を見よ

勘の良い人というのは不断に努力を怠らない克苦勤励を実践し
て、徹底的に鍛えぬいた人である。「心が精明であれば物事の前
兆を知ることができる」、「達人は前兆がなくても、これから起こ
る事象を予知できる」。

⑦見通しを立てよ

最初に結果を見通してから着手せよ。

⑧物事を「主客合一」を以って見聞せよ

物事は、長い目で見て、多面的・全面的に見て、根源的に見よ。

⑨人を育てよ

改過の志なきものは遠ざけよ。「教えずして之を殺す、これを虐
と謂う。戒めずして威を視る、これを暴と謂う」（論語の第20章
「堯曰編」）。

⑩賞罰は委任するな

賞が行われないと賢者を任用できない。また罰が行われないと愚
者を遠ざけることができない。

⑪意見は聞け

「よく練られた人の意見は千金の重みをもつ」。

⑫表裏をなくせ

禍というのは上から起こる。「上の好むところ、下、これに従う」
との訓えがある。

⑬むやみに隠すな

機密事項は守秘せねばならないが、機密事項でないものまで隠す
ことは謹むべきである。

⑭公平であれ

小人の側近者が決して作ってはならない。

⑮夢を与えよ

「苦中楽有り、楽中苦有り」（六中観）であり、ここで「楽」は夢や希望である。

⑯革新せよ

革新するために、剛強で聡明たれ。

⑰多忙と云うな

「忙中閑有り」（六中観）。

⑱器量を持て

知識人は器量はないが、見識者は器量がある。知識人は一時的な成果を挙げるが、見識者は歴史的な成果を挙げる。

⑲理に基づいて人欲を使え

「足るを知る者は富む」。

⑳己を尽くせ

自分に尽くすことしか知らない人は、長い目で見ると必ず行き詰り、禍に見舞われるものである。

　もちろん、西洋には西洋の理屈がある。マキャベリの『君主論』は、「われわれの経験では、信義を守ることなど気にしなかった君主のほうが、偉大な事業を成し遂げていることを教えてくれる」、「君主は、悪しきものであることを学ぶべきであり、しかもそれを必要に応じて使ったり使わなかったりする技術も、会得すべきなのである」と言う。これは上のような東洋思想に見える穏健な思想とは異なるようにも見える。

　では、そのような魑魅魍魎で、様々な哲学が混在する世界を泳ぎ切るにはどうしたら良いのだろうか。もちろん、その答えの一つは孫子にもある。「兵は常勢なし。水は常形なし。能く敵に因って変化して而して勝を取る者、之を神と謂う。」ということである。アブダビ石油会社の箇所で名前が出た田中清玄氏が、フィクサーの秘訣として次

のような言葉を残している。

「何でも自分を捨ててかかり、現実を良く見て、宇宙をよく見て
どれだけ自分が宇宙と一体化しているか考えよ、対象になり切り、
宇宙になり切ること。」

　何を言っているのか、というと宇宙には右も左もなく、ありもしな
いことをまるであるかのように言うのは近代文明の一番低級な部分で
ある、というのである。このような滅私の心構えは、「信用」を得る
ために最も重要な部分かも知れない。
　上記の田中清玄の言葉を理解するには、西田幾多郎の次の言葉を参
照すると良いだろう。

　物には二つの見方がある。一つは物を外から見るのである。或
る一つの立脚地から見るのである。それで、その立脚地によって
見方も変わってこなければならない。立脚地が無数にあることが
できるから、見方も無数にある筈である。また、かくある立脚地
から物を見るというのは、物を他との関係上から見るのである。
物の他と関係する一方面だけ離して見るのである、即ち、分析の
方法である。分析ということは、物を他物に由って言い表すこと
で、この見方はすべて翻訳である、符号 Symbol によって言い現
すのである。然るに、もう一つの見方は、物を内から見るのであ
る。ここには着眼点などというものは少しもない、物自身になっ
て物を見るのである、即ち直観 Intuition である。

　近代文明は、西洋哲学のロゴスが前面に出過ぎている面もある。近
代は文化的には宗教改革、自然科学、それにルネッサンスという三つの
運動によって、中世との決別を明らかにした。第一の宗教改革は世界と
人間に対して全く超越した神を中心とするので、世界と人間性への絶

対的否定を根本とする。自然科学は人間を他の生物と同列にとらえ（生物進化論）、否定も肯定もしない無関心な立場である。ルネッサンスというのは「ヒューマニズム」とも言うことが出来、人間性の完全な肯定である。それは人間の心と魂に発する諸々の能力を開発し、人間の感性に向かって、教養を薦める事である。結局、近代とは、神、世界、そして人間性の三つを中心とするものである。これらの立場は、それぞれその中心とするものが異なっているので、本来分裂した３本の柱であるが、これを中世において結びつけていたのは宗教キリスト教であった。従って、この中世のキリスト教による三つの柱の調和は、宗教によるものであった。西田哲学では、中世のキリスト教に対応するものは、中枢的理念である「絶対無」であり、ロゴス的に対立している概念である「有と無」を超越した仏教の「無」又は「空」と言われるもので、神、世界、そして人間性を調和させる。西田幾多郎の議論では、無が自己限定して有が生成するという構図になっている。無から有が生じるのであるから、存在しないものから存在するものが生成するということになる。

　西田幾多郎の「絶対無」の議論は、老子を連想させる。老子の冒頭には次のような言葉がある。

　道の道とすべきは、常道に非ず。名の名とすべきは、常名に非ず。無名は天地の始にして、有名は万物の母なり。故に常無以てその妙を観んことを欲し、常有以てその徼（きょう）を観んことを欲す。此の両者は同出にして異名なり。同じく之を玄と謂う。玄の又玄、衆妙の門なり。

道を道と言ってしまえば、道ではなくなる、ということである。道と言うのは表現不可能な本質であり、何か特定のものに限定、固定化されるものではない。たとえば、人が持つ理念は無限の可能性を持つ道であり、それが政策やビジネスモデルとして表現されれば、それはその時期や環境に限定されたものであり、特定の可能性しか持たない

ものになるということである。しかし、その限定されたものは物を生む。「常無以てその妙を観んことを欲し、常有以てその徼を観んことを欲す。」の徼とは微のことであって、要するに有る無しという妙の門、言ってみれば現実での妙手の入り口であるということである。つまり、無限の根源は有限であり、無限と有限は一体ということである。

　このように、孫子の教えの第一条は、西洋哲学の三段論法から見ると矛盾に満ちている。孫子の世界観では、時の流れは大河を流れる水の如くであって、表面上穏やかに見える水の流れも、水中を見れば、不戦状態が戦闘状態であって、奇が正となり、正が奇となるサイクルが繰り返される。その意味で、常に相反する二面性を持っているというより、幾何学的比喩を用いるならメビウスの輪のように裏表がない世界である。グローバルリーダーには、ロゴスの立場を超えた視点が必要である。

▌9.7　エネルギー文明と「人間精神の名誉」

　そもそも、文明とは何か、という議論は尽きない。念のために言っておけば、『物質文明・経済・資本主義』というタイトルの本を書いたのは、フェルナン・ブローデルである。ブローデルは、「長期持続（長波）」と「個々のイベント（短波）」の間の「コンジョンクチュール（conjoncture）（中波）」の存在を主張した。「コンジョンクチュール」とは、乱暴にはイベントが共鳴して長波を紡ぐ局面のことであろう。「エネルギー文明論」ということであれば、多くは、「エネルギー消費と人類の生活の豊かさ」のようなテーマが議論されるべきなのだろう。そして、国ごとに一人当たりのエネルギー消費量とGDPの関係というようなことが論じられることが多い。しかし、それは機械と人間の関係性の中で議論されているだけで、蒸気機関が生まれて、熱が動力に効率よく変換されることによって起こった文明の一つの形態である物質文明の文脈の中での話である。

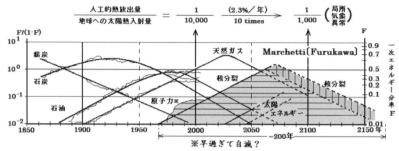

出所：古川和男「核拡散防止への実効ある提言」第22回「佐藤栄作賞」受賞論文（佐藤栄作記念・
　　　国連大学協賛財団）

図9-18　第一次産業革命後の世界の環境・エネルギーの変遷

　図9-18は、イタリアの物理学者チェーザレ・マルケッティと日本の化学者古川和男がまとめた、第一次産業革命後の世界の環境・エネルギーの変遷を示している。石油エネルギーの時代と太陽関連エネルギー（再生可能エネルギー）の時代の間に天然ガスと核分裂（核エネルギー）の時代があることが分かる。

　図9-18では、石油、天然ガス、核エネルギー（原子力）、太陽関連エネルギー（再生可能エネルギー）と移り変わっていくことが予想されているが、天然ガス産業は、再生可能エネルギーと結びついて、図に書かれていない発展の可能性を秘めていることに触れておきたい。天然ガスに関わるイベントだけ見ていても天然ガス業界のコンジョンクチュールは見えてこない。

　石油を人工的に製造することは難しい。一方、天然ガスに関しては、天然ガスそのものを人工的に製造することは難しいことに変わりはないが、天然ガスにリプレイス可能なものはカーボンフリーで作り得るということである。それは「メタネーション」という技術に関わる。天然ガスの成分の90％くらいはメタンである。メタネーションは、CO_2フリー水素と二酸化炭素からカーボンニュートラルなメタンを作る技術である。CO_2フリー水素とは、製造時における温室効果ガス排出量の少ない水素のことであり、例えば、再生可能エネルギーを使っ

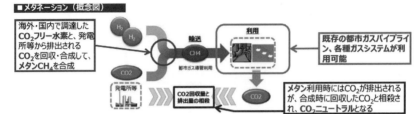

出所：一般社団法人ガス協会「都市ガス事業における地球温暖化対策の取組」経済産業省産業構造
審議会　産業技術環境分科会　地球環境小委員会　資源エネルギーワーキンググループ資料
（2018年12月18日）

図9-19　メタネーションの概念図

て製造される水素などである。

　図9-19を用いて簡単に説明すると、CO_2フリー水素と、発電所等から排出されるCO_2を合成して、メタンを製造する。製造されたメタンは、ガスパイプラインなど都市ガスや天然ガスのインフラを使って、そのまま輸送、活用することができる。メタン利用時にはCO_2が排出されるが、それはまたメタンの製造に用いられる。このように「脱炭素化」が図れる点がメタネーションの特徴である。

　メタネーションによって製造されるメタンは天然ガスの主成分であり、今の日本に整備された天然ガスに関わるインフラ、例えばLNGの基地やパイプライン、ガス利用者の消費機器、ボイラー、ガス瞬間型給湯器などはすべてそのまま利用可能である。2020年の時点での課題は、水素をいかに大量に安価に製造するか、という点である。

　日本にいると原子力の盛り上がりを感じることは難しいし、日本以外の国々でも「FUKUSHIMA」の原子力行政に与える影響は大きい。

　二酸化炭素排出権は、いわゆる「ロンドン」で原子力発電推進のために発案されたという噂もある。メタネーションの技術によって、原発以外の技術やインフラの活用が進むとなれば歴史の妙を感じるかも知れないが、クロストレードが得意な「ロンドン」のことであるから、彼らは歴史の妙など気にしていないのかも知れない。

　機械と人間の関係性ということだと、人間は疲れを知らない機械に

は労働力では敵わない。肉体でダメなら知能ではどうか、ということで人工知能と人間の知能の比較が話題になっている。

そして、AI がポスト資本主義を作り出す原動力になるという議論がある。日本を代表する人工知能学者の第一人者が、AI の普及の先に「社会主義国家が成功する可能性がある」との見解を示している[12]。彼はその理由として「これまでの社会主義国家は、労働に応じて富を分配していた。しかし、集団作業の中では働かずに報酬を得る、いわゆるフリーライダーが発生したため、労働者の間で不公平感が生じ、国家制度としてはうまく機能しなかった国が多い。しかし、AI によって「きちんと働いているか」を認識できるようになれば、努力に応じて報酬が再分配されるようになる「理想の社会主義国家」が実現する可能性がある」と述べている。このような議論では、AI を動かすエネルギーに関する考察が抜けていることがある。

現在、主流のフォン・ノイマン型コンピュータを用いる限り、DARPA・SyNAPSE プロジェクトの**図9−20**に示されているよう

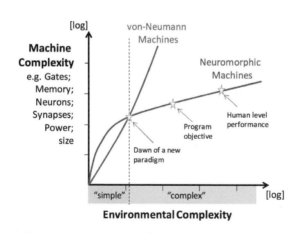

出所：米国DARPA・SyNAPSE プロジェクト報告書

図9−20　環境の複雑性に対する機械の複雑性の概念図

[12] https://www.sbbit.jp/article/cont1/32377l

に、そのエネルギー（消費電力）効率の低さから、近未来社会の莫大なコンピューティングの需要には到底応えられないと予測されているし、レイ・カーツワイル氏が夢想するような未来の世界・社会は、現行半導体のエネルギー効率の延長線上では実現できそうもないと考えられている。

　蛇足ながら、消費電力について大体の感覚を書いておけば、人間の脳の消費電力は毎時20Wほどだと言われている。一方、例えば囲碁の勝負で、世界の囲碁チャンピオンを次々になぎ倒しているGoogleの「アルファ碁」の消費電力は毎時約25万Wであり、人間にして1万5,000人分である。スタンフォード大のクァベナ・ボーヘン教授のグループの見解は傾聴の価値がある。それは、「パーソナルコンピュータは、マウス規模の大脳モデル（＝250万個のニューロン）をシミュレートする際に、4万倍（400ワット対10ミリワット）もの大きな電力を必要とするにもかかわらず、実際のマウスの脳よりも9,000倍遅い。（欧州の）Human Brainプロジェクトのゴールである人間規模の大脳モデル（＝200億個のニューロン）をシミュレートする際には、エクサスケール（1秒間に100京（京＝1万兆）回の演算能力）のスーパーコンピュータと（それを動かすための）40万世帯分に匹敵する電力消費量（＝5億ワット）とが必要になると予想されている。」というものである。つまり、シンギュラリティ仮説が実現するには、もう一度、産業革命に匹敵する技術的なインパクトが必要である。その技術的なインパクトは、少なくとも、ソフトウェア的な革新ではないと考えられている。現状のビッグデータ型AIは、大量の知識の集積でしかない。

　人工知能（AI）と人的知能（Human Intelligence、HI）の違いは何か。もちろん、この議論ではビッグデータ型AIとは異なる、脳模倣型（ニューロモルフィック）AIの範疇で議論する必要がある。心理学の分類では、意識には（1）表層心理、（2）深層心理、（3）無意識層の三つがある。そして、我々の行動の70％は、無意識層によっ

て司られている。大脳生理学では、まず、生きることは脳幹によって司られ、その上に本能として生きるための古い皮質があり、さらにその上に人間らしく生きる新しい皮質があって、それらが連携して人間らしさを作っていると言われている。人間は感情の動物と言われ、他の動物に比べて強い喜怒哀楽の感情を持つ点にある。人は知識より以前に感情を持っているのである。人の場合、五感から入力され脳に到着した刺激・イベント情報に対して、意識下でどれだけ注意を向けるかどうかは、大脳古皮質、その主な原動力である感情（または情動）が決定する。そして、その刺激・イベント情報が心地よい刺激であれば脳が大きく活性化して学習欲が増大し、大脳新皮質での類似性・新奇性判断機構が作動して新たな知識を増やしていく。大脳新皮質の類似性・新奇性判断機構は、階層モジュール構造を形成しているニューロンのネットワークの重み付けを変化させ、脳の処理アルゴリズムを更新して、思考回路が変化する。動物の脳では、人の場合でも、大脳新皮質が大脳古皮質に従属する形になっている。しかし、上の議論をそのままコンピュータに移植しても、社会的なコミュニケーションは生まれない。ここまでの議論だけでも、ディープラーニングのようなビッグデータ型の AI が HI を超えるという議論の軽薄さが分かる。

　AI の研究分野では著名な、マーヴィン・ミンスキー氏は、「ミンスキー博士の脳の探求：常識、感情、自己とは」（共立出版、2009）の中で「多くの人々にとって、思考と学習は、大部分が社会的活動である。」と書く。**図９−21** は、ミンスキーのインテリジェンスに関する６階層を示している。

　具体的には、１）本能行動（Instinctive Reactions）、２）学習行動（Learned Reactions）、３）熟慮的思考（Deliberative Thinking）、４）内省思考（Reflective Thinking）、５）自己内省思考（Self-Reflective Thinking）、６）（意識上の）情動（Self-Conscious Emotions/Reflection）の六つの層がある。１）本能行動は無意識層に対応し、６）情動は表層心理に対応する。この六つの層の中で、社会ネットワーク

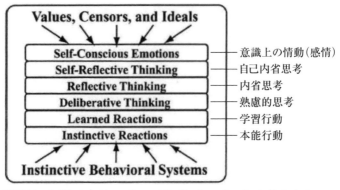

出所：Marvin Minsky's Home Page　http://web.media.mit.edu/~minsky/

図9-21　インテリジェンスに関する6階層

　の中での社会的活動を司る可能性があるのは、6）情動である。ミンスキー氏によれば、互いの意図や常識、文化等の共有によって協力を生み出すコミュニティ装置が「情動」である。

　つまり、人的知能を生み出す機構というのは、最もプリミティブな無意識層に組み込まれた「感情」を出発点として、外部からの刺激・イベント情報による学習、そして学習したことの活用として社会的なコミュニケーションをも含む最も高度なインテリジェンスである「情動」までを全て具備して初めて、人的知能は生まれるものだと考えるのが自然である。ディープラーニングのようなビッグデータ型人工知能を超えるためには、上記のように感情と情動を備えた脳模倣型（ニューロモルフィック）AIが必要である。そして、機械が自己学習して機械文明に代わる新しい文明が作れるのかというと、現在の物質文明ではエネルギーが足りない。

　人間の知性が発揮される学問の一つである数学の世界で有名なエピソードを一つ紹介してエネルギー文明論の結論としたい。

　19世紀の数学者カール・グスタフ・ヤコブ・ヤコビが1830年7月2日にルジャンドルに宛てた手紙を以下に記す。この手紙は、ヤコビは、ジョセフ・フーリエの「数学の主要な目的は公共の利益と自然現

象の解明である」という意見に反論したものとして有名である。

J'ai lu avec plaisir le rapport de M. Poisson sur mon ouvrage, et je crois pouvoir en être très-content; il me parait avoir très-bien présenté les deux transformations. qui, étant jointes entre elles, conduisent à la multiplication des fonctions elliptiques, en quoi il a été guidé sensiblement par vos suppléments. Mais M. Poisson n'aurait pas dù reproduire dans son rapport une phrase peu adroite de feu M. Fourier, où ce dernier nous fait des reproches, à Abel et à moi, de ne pas nous être occupés de préférence du mouvement de la chaleur. Il est vrai que M. Fourier avait l'opinion que le but principal des mathematiques était l'utilité publique et l'explication des phénomenes naturels; mais un philosophe comme lui aurait dù savoir que le but unique de la science. c'est l'honneur de l'esprit humain. et que sous ce titre, une question de nombres vaut autant qu'une question du système du monde. Quoi qu'il eu soit, on doit vivement regretter que M. Fourier n'ait pu achever son ouvrage sur les équations, et de tels hommes sont trop rares aujourd'hui, même en France, pour qu'il soit facile de les remplacer.

　ここでヤコビは、フーリエの数学の主要な目的は公共の利益と自然現象の解明であるという意見に対して、「人間精神の名誉」のためであると主張する。実際、上の手紙の中段に「確かにフーリエ氏は、数学の主な目的は公共の利益と自然現象の説明であるという見解を持っていた。しかし、彼のような哲学者は、科学の唯一の目的を知っているはずでした。それは人間の精神の名誉です。そして、この題名の下では、数字の問題は世界のシステムの問題と同じくらい価値があります。」という文字が見える。20世紀に数学革命を起こしたフランスのブルバキの主要メンバーの一人であるジャン・デュドネは著書の中で、「数学をするとは人間精神の自由な発露であり、人間精神の名誉ため

に数学をする」との言葉を残している。

　本章の冒頭で、アブラハム・マズローの自己実現理論の六つの欲求、生理的欲求（Physiological needs）、安全の欲求（Safety needs）、社会的欲求／所属と愛の欲求（Social needs / love and belonging）、承認（尊重）の欲求（Esteem）、自己実現の欲求（Self-actualization）、自己超越の欲求（Self-transcendence）の六つの欲求の存在について述べた。最上位の自己超越の欲求に到達できるのは、人口の２％であろう、というのがマズローの見解であった。エネルギー事業の目的として「公共の利益と豊かな生活」のためというのは、最上位の自己超越の欲求の実現に近い。「人間精神の名誉ために」というと、マズローの自己実現論自体を超越し、自己超克して到達し得る境地なのかも知れない。

　エネルギー文明を考えるとき、誰か一人くらい、エネルギー事業の目的として「公共の利益と豊かな生活」のためではなく、人間精神の自由な発露であり、「人間精神の名誉」のためにと言っても良いのではなかろうか。そのとき、人類は資本主義の下での物質文明を脱却できるのかも知れない。

執筆者略歴

藤田 康範（ふじた やすのり）　　　　　　　　　　　[推薦のことば]

慶應義塾大学経済学部教授

1992年慶應義塾大学経済学部卒、同大学院経済学研究科修士課程修了、同大学院経済学研究科博士課程単位取得退学。東京大学大学院工学系研究科博士課程修了。博士（工学）。慶應義塾大学経済学部研究助手、同講師、同准教授を経て、2010年より現職。専門は経済モデル解析。単書に、「よくわかる経済と経済理論」（学陽書房、2003）、「経済・金融のための数学」（シグマベイスキャピタル、2009）、「マクロ経済学の基礎」（慶應義塾大学出版会、2004）、「ビギナーズマクロ経済学」「ビギナーズマクロ経済学」（共に、ミネルヴァ書房、2009）、「経済戦略のためのモデル分析入門」（慶應義塾大学出版会、2011）、共著書に「現代の金融市場」（黒坂佳央氏と共著）（慶應義塾大学出版会、2009）などがある。

内藤 克彦（ないとう かつひこ）　　　　　　　　　　[はじめに、第1〜3章]

京都大学大学院経済学研究科 特任教授

1982年東京大学大学院修士課程修了、同年環境庁入庁。環境省温暖化対策課調整官、同省環境影響審査室長、同省自動車環境対策課長、港区（東京都）副区長等を経て現職。著書に「環境アセスメント入門」、「いま起きている地球温暖化」、「展望次世代自動車」、「PRTRとは何か」、「土壌汚染対策法」のすべて、「欧米の電力システム改革」、「2050年戦略　モノづくり産業への提案」、「イノベーションのカギを握る　米国型送電システム」（以上、化学工業日報社）、「入門　再生可能エネルギーと電力システム（日本評論社）」など多数。

蝦名 雅章（えびな まさあき） [第4～8章]

英国 IMechE（チャータードエンジニア）日本代表
1978年、北海道大学大学院資源開発工学修士修了。日揮株式会社、カルテックス石油
を経、元テキサコ日本代表。サハリン3ガス田開発及びガス化事業に従事。現在、日本で
のチャータードエンジニア資格取得を支援すると共に、日本機械学会や日本技術士会、日
本自動車技術会との協力に関する覚書を通して、将来のスマートシティの概念や地球温暖
化への対応などグローバルな課題に関し、共同でセミナーを開催するなど、日本発の国際
基準の枠組み作りに取り組んでいる。また、英国の技術者との交流を通じ、日本の技術者
の国際舞台での活躍を後押ししている。共著に『天然ガスの高度利用技術』NTS出版がある。

筒井 潔（つつい きよし） [第9章]

経営＆公共政策コンサルタント
1990年慶應義塾大学理工学部電気工学科卒、慶應義塾大学大学院理工学研究科電気
工学専攻修士課程および博士課程修了。外資メーカー社員、知財関連会社社員、財団法
人電子文化研究所技術顧問を経て、合同会社創光技術事務所（技術コンサルファーム）代
表社員、東北大学附属金属材料研究所リサーチアドミニストレータ、株式会社海野世界戦
略研究所（シンク＆ドゥタンク、戦略コンサルファーム）代表取締役会長、アジアパシフィッ
クコーポレーション株式会社（経営＆公共政策コンサルティングファーム）代表取締役社長。
共訳書に A. Isihara 著「電子液体：電子強相関系の物理と応用」（シュプリンガー東京）、
共著書に「消滅してたまるか：品格ある革新的持続へ」（文藝春秋）がある。元・東京ニュー
シティオーケストラ理事。

欧米のガスシステム
活性化する市場改革の基本と仕組み

内藤克彦／蝦名雅幸／筒井 潔　著

2020年11月17日　初版1刷発行

発行者　織 田 島　　修
発行所　化学工業日報社
〒103-8485　東京都中央区日本橋浜町3-16-8
電話　　　03（3663）7935（編集）
　　　　　03（3663）7932（販売）
振替　　　00190-2-93916
支社　大阪　**支局**　名古屋、シンガポール、上海、バンコク
HPアドレス　https://www.chemicaldaily.co.jp/

印刷・製本：平河工業社
DTP・カバーデザイン：創基

ISBN978-4-87326-729-6　C3054